家养观赏鱼系列

小型热带鱼

■ 刘雅丹　白　明　主编

中国农业出版社
农村读物出版社
北　京

图书在版编目（CIP）数据

小型热带鱼 / 刘雅丹，白明主编 . -- 北京：中国农业出版社，2022.11

（家养观赏鱼系列）

ISBN 978-7-109-30195-5

Ⅰ . ①小… Ⅱ . ①刘… ②白… Ⅲ . ①热带鱼类 – 观赏鱼类 – 鱼类养殖 Ⅳ . ①S965.816

中国版本图书馆 CIP 数据核字 (2022) 第 207380 号

小型热带鱼
XIAOXING REDAIYU

中国农业出版社出版

地址：北京市朝阳区麦子店街 18 号楼

邮编：100125

策划编辑：马春辉　　责任编辑：马春辉　周益平

责任校对：吴丽婷

印刷：北京中科印刷有限公司

版次：2022 年 11 月第 1 版

印次：2022 年 11 月北京第 1 次印刷

发行：新华书店北京发行所

开本：710mm×1000mm　1/16

印张：6

字数：100 千字

定价：48.00 元

家养观赏鱼系列丛书编委会

主　　编：刘雅丹　白　明

副主编：朱　华　吴反修　代国庆

编　　委：于　洁　邹强军　陏　然　张　蓉　赵　阳
　　　　　单　袁　张馨馨　左花平

配　　图：白　明

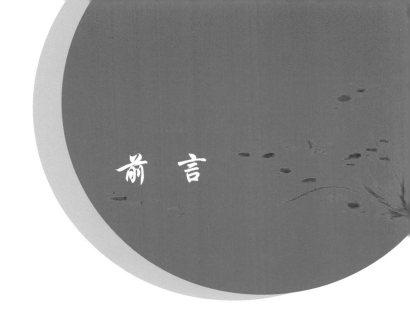

前　言

　　提起热带观赏鱼，也许我们的第一印象会习惯性地落在前两个字上，情不自禁想到美丽而浪漫的热带风情：碧绿清澈的海水、灿烂温暖的阳光、银白细腻的沙滩、油光翠绿的棕榈树以及充满热带激情的歌舞和各种热带的美食……不过，我们这本书的内容并不来自于海滩，而是来自于更加神秘灵秀的内陆淡水世界，在这个并不为人所熟知的世界里，畅游着无数令人着迷的美丽精灵。这些美丽的精灵有着令人遐想的名字，孔雀鱼、神仙鱼、珍珠鱼、宝莲灯……而在科学的世界里它们则有一个统称：

小型热带观赏鱼。

热带观赏鱼一般是指生活在热带或者是亚热带地区、具有观赏价值的海水、淡水鱼类，它是目前最流行的观赏鱼。热带鱼体态矫捷，颜色斑斓多姿、五彩缤纷。据有关资料显示，目前饲养在世界各地的热带鱼有近千种，比较常见的有 400 多种，仅在我国目前就有 200 多个种类。其中，小型热带观赏鱼以小而精、小而美、小而灵赢得了众多观赏鱼爱好者的心。这些小精灵的美妙和可爱之处难以用语言来表达。

养殖小型热带观赏鱼还有一个很特殊的优点就是它们能与水草养殖相得益彰。您可以把非洲、美洲等各地的热带雨林风景浓缩到水箱中。试想这些小巧玲珑、色彩斑斓的热带小鱼穿梭于碧绿或鲜红的水草丛中，您是否有一种回归自然的感觉？如果您可以在家中或办公室里随时欣赏这风景如画而又活泼动人的自然景色，您是否会倍感精神爽朗、心情舒畅？

编者

2022 年 8 月

目　录

热带观赏鱼是指生活在热带或者是亚热带地区，具有观赏价值的海水、淡水鱼类。其中，淡水鱼类它是最适合现代家庭饲养的观赏鱼。这类观赏鱼以其体态矫捷、色彩斑斓、品种繁多带给我们一个五彩缤纷的世界。据有关资料显示，目前在世界上已驯养的热带鱼有近千种，比较常见的有400多种，仅在我国可以养殖的就有200多种。

淡水热带观赏鱼的种类繁多，通常养殖的有脂鲤科、慈鲷科、攀鲈科、胎鳉科、鳉科、鲇科等科类的鱼。下面，我们着重介绍一些小型、可爱的淡水热带观赏鱼。

脂鲤科鱼

脂鲤科鱼是观赏鱼类中的佼佼者，代表性品种有红绿灯鱼、血心灯鱼、三线红铅笔鱼，这里面绝大部分被我们统称为"灯鱼"。在热带观赏鱼爱好者中，喜好灯鱼的不在少数，尤其近年来，随着草缸造景之风在国内外水族界的流行，与水草和谐搭配、相映成趣的灯鱼得到了大众的珍视。

● 红绿灯鱼

红绿灯鱼又叫霓红灯鱼，也称红莲灯鱼，原产南美洲亚马孙河上游，有"稀世之珍"的美誉。红绿灯鱼全长 3～4 厘米，鳍不大，尾鳍呈叉型。臀鳍比背鳍长，胸鳍圆扇形。身体的颜色异常鲜艳，上半部为一条明亮的银蓝绿色纵带，下半部由腹部附近开始至尾部为火红色，当它游动时，身体发出时红时绿的亮光，有如霓虹灯。红绿灯鱼于 1952 年在日本繁育成功，从十分稀少的品种逐渐变成了价格便宜、产量又高的流行鱼种。

红绿灯鱼的适宜水温是 22～26℃，喜欢吃活饵料。红绿灯鱼群游时十分漂亮。不过，这类鱼性情温和，要注意不能和太凶猛的鱼类混养在一起。

红绿灯鱼

● 头尾灯鱼

头尾灯鱼又名灯笼鱼、提灯鱼、车灯鱼等，分布于南美洲的圭亚那和亚马孙河流域。头尾灯鱼娇小美丽，体长而侧扁，头短而腹圆。头尾灯鱼的各鳍均透明，尾鳍分叉，体长可达6厘米。两眼上部和尾部各有一块红色和金黄色斑，在灯光照射下，反射出金黄色和红色的光彩。

头尾灯鱼对水质无特殊要求，适宜水温为18～23℃。性情温和，对食物不苛求，吃动物性饵料，很容易饲养。

头尾灯鱼

● 宝莲灯鱼

宝莲灯鱼是自红绿灯鱼发现以后最为瞩目的脂鲤科小型热带鱼，原产于南美洲巴西。宝莲灯鱼又名新红莲灯鱼、日光灯鱼。宝莲灯鱼娇小纤细，体长4～5厘米，是热带鱼中的珍品。宝莲灯鱼和红绿灯鱼十分相似，但珍贵之处在于它的整个下腹部，从下巴开始一直到尾巴根全部是红色，十分艳丽。由于宝莲灯鱼的人工繁殖困难，产量稀少，因而价格一直居高不下。

宝莲灯鱼对水温水质要求不太严格，在水温为21～30℃均可生长，对饵料要求也不严格。宝莲灯鱼性情温和，喜好成群活动，宜群养，泳姿欢快活泼，十分讨人喜爱。

宝莲灯鱼

● 玻璃灯鱼

　　玻璃灯鱼又名红光灯鱼、玻璃霓虹灯鱼。玻璃灯鱼的命名与其特点是密切相关的，其眼虹膜的红色中闪着蓝光，使整条鱼如玻璃似的明亮又闪烁。玻璃灯鱼原产于南美洲的圭亚那。鱼身长 4 ～ 5 厘米。玻璃灯鱼体形呈长纺锤形、侧扁，眼睛大，背鳍高，呈三角形，位于背部中央。臀鳍窄长，尾鳍叉形。鱼的身体是浅黄铜色，背部颜色较深，腹部由浅到白，体侧中部从头至尾部有一条红色宽条纹，背鳍有红色细纹点缀，其余的各鳍都是透明的。

　　玻璃灯鱼要求弱酸性软水，pH6 ～ 6.5，水温 22 ～ 26℃。喜欢吃鱼虫、水蚯蚓等活饵料，也能兼食人工干饵料。性情温和活泼，喜群居。

玻璃灯鱼

● 柠檬灯鱼

柠檬灯鱼又称美鳍脂鲤、柠檬翅鱼，原产于南非的亚马孙河及巴西境内。鱼体长 4 ～ 5 厘米，长梭形，侧偏，眼睛大。身体颜色是浅绿色，略微透明，闪银光。鱼体两侧中部有一条光亮耀眼的黄色条纹。眼虹膜是红色的。柠檬灯鱼全身呈柠檬色，边缘有黑色的密条纹，臀鳍透明镶有深黑色的边，其中前面的几根鳍条组成一小片明显的柠檬黄色线条，与背鳍前上方色彩遥遥相对，因而获得柠檬灯鱼的美称。

柠檬灯鱼喜欢微酸性软水，最适宜生长的水温是 23 ～ 26℃。喜欢群居，吃小型活饵料，也能接受冰鲜的饵料或干饲料，易饲养；性情温和，可以和其他小型鱼混养。

柠檬灯鱼

● 黑莲灯鱼

黑莲灯鱼又名黑灯鱼、黑霓虹灯鱼、双线电灯鱼。原产巴西。黑莲灯鱼身体娇小玲珑，体长 4 ～ 5 厘米长。从头到尾有金黄和黑色条纹各一条，眼睛的虹膜能反射出红色及黑色的光泽。鱼的胸鳍、腹鳍是无色透明或略呈黄色，背鳍黄中泛红，臀鳍和尾鳍尖端呈淡黄色。黑莲灯鱼若配以适当灯光照明，会发出各种神秘的光泽，给人以淡雅宁静之感。

黑莲灯鱼喜欢弱酸性软水，适宜水温 24 ～ 26℃，性情温和而胆小，容易受惊，可以与其他生存要求相同的小型热带鱼混养。

黑莲灯鱼

● 银瓶灯鱼

银瓶灯鱼又名银瓶鱼，属拟鲤科。原产于亚马孙河、圭亚那和巴西。银瓶灯鱼的原种身长10厘米，在水箱能养到6～8厘米。鱼体呈纺锤形，银灰色，鳞片边缘黑色。大眼睛，眼虹膜呈红色，尾巴上有一根黑黄色横带，所有的鳍都是透明无色的。

银瓶灯鱼对水质不苛求，适宜水温20～25℃。性情温和，体格强健，喜成群游动，常栖息于水的中上层，容易饲养。

银瓶灯鱼

● 黑裙鱼

黑裙鱼又名黑牡丹、黑裙仔鱼、黑扯旗鱼、黑蝴蝶鱼、半身黑鱼、黑衬裙鱼，属脂鲤科。原产于南美洲的巴西、玻利维亚及巴拉圭等地。黑裙鱼体高、侧扁，近似菱形。臀鳍宽大，脂鳍较小，胸鳍、腹鳍、尾鳍都是白色。黑裙鱼最大特点是从背鳍起到尾部后缘，包括背鳍、臀鳍、脂鳍都是黑色，而前半身都是银白色，上面还有黑色纵纹。黑裙鱼受惊恐时身体的颜色会变淡，随着鱼龄的增长，身上的黑色也会逐渐变淡。

黑裙鱼在自然界中长 6～8 厘米，水族箱养殖的一般长 3～6 厘米。黑裙鱼对饲养条件不苛刻，适宜的水质是 pH6.8～7.0，水温 20～25℃。黑裙鱼对饲料要求比较随和，各种动物性饵料、人工饲料均可投喂，并喜在中水层游动觅食。食量大，因此生长发育迅速。黑裙鱼活泼好动、性情温和，能与多种鱼共同混养。

黑裙鱼

● 红裙鱼

红裙鱼又名灯火鱼、半身红鱼、红裙子鱼。原产于南美巴西里约热内卢地区的湖沼、河流和小溪。体长3～4厘米。红裙鱼的身体呈纺锤形，前半部较宽，后半部突然变窄，鱼体呈透明状，头部和背部为暗绿色，头后为浅黄色，身体后半部为鲜红色，艳如红裙，所有鳍条也为红色。胸鳍上方有两条黑色横向条纹，尾鳍边缘也隐隐约约地镶嵌着一条黑边。繁殖时身体前半部也会转成浅红色，显得十分娇小美丽，深受人们的喜爱。

红裙鱼胆小喜静，易受到惊吓，饲养环境应安静为宜。适宜在23～26℃的弱酸性软水中生存。对饵料不挑剔，鱼虫及人工饵料均可喂养。性情活泼可与其他品种鱼混养。

红裙鱼

● 银斧鱼

银斧鱼又名斧头鱼、银手斧鱼。体长6厘米左右。体侧扁，头和背部平直，胸腹部特别宽大，呈半圆形，然后向尾柄上收，看起来特别像一柄圆斧头，因此得名。银斧鱼全身银白色，体侧有一些条纹。头小、眼睛大，口的位置偏上。胸鳍像鸟儿翅膀一般，位置偏上，游动时能振动飞离水面滑翔，所以又称"飞鱼"。

银斧鱼能适应22～30℃的水温，喜欢在水面上活动，可喂食人工饲料和冰鲜鱼虫。适宜光线较暗的环境，水箱要加罩网以防止鱼飞离水箱。

银斧鱼

● 石斧鱼

石斧鱼又名燕子鱼、胸刀鱼、褶胸鱼、胸斧鱼。石斧鱼有很多同族兄弟。依据不同的品种，体长 2.5 ～ 9 厘米不等。它们的身体极度侧扁，自上而下看呈窄直线形，背部平直，腹部极为突出，从侧面看形似古代石斧，因此得名。石斧鱼眼睛大，口的位置偏上，特别适合在水面上摄食。背鳍比较靠后，尾鳍长，各鳍条长度相等；尾鳍叉形，胸鳍特别大，游动时宛如鸟儿飞翔，所以俗称"燕子"。石斧鱼的大多数品种体色朴素单纯，鱼鳍透明，生活习性大致和银斧鱼相同。

石斧鱼

● 拐棍鱼

　　拐棍鱼原产于南美洲的亚马孙河、圭亚那等地。拐棍鱼体长5厘米左右，体形细长而侧扁，肚子有点圆，头小眼睛大。全身的基调色是银灰色，腹部以后转为灰绿色。体侧有一条鲜明的黑色粗条纹，从鳃盖后缘起，到尾柄基部转弯向下直抵尾鳍下叶末端，形似一根弯头拐棍。在黑色粗条纹上端有白色边线，故拐棍鱼又名黑白线鱼。拐棍鱼的背鳍、胸鳍、腹鳍、臀鳍均稍呈淡黄色而透明，尾鳍深叉形。拐棍鱼最大的特点是，游动时头朝上，身体下垂于水平面成45度角，有时在水中呈停止状态也是呈45度角，甚至能直立于水中。由于其银灰色和黑色的颜色，像企鹅一样，所以又叫企鹅鱼。

　　拐棍鱼的适宜水温为22～26℃，喜欢澄清的软水，可喂食细小的人工饲料。

拐棍鱼

● 凤尾铅笔鱼

　　凤尾铅笔鱼又名一线铅笔鱼，原产于南美洲的亚马孙河中下游。最长能到6.5厘米，呈长梭形。体色浅黄，背部渐深，腹部渐浅，侧线下有一条明显的黑色粗条纹，这根条纹从吻端一直到尾鳍的分叉处，所以，当鱼停在水中不动时，就好像一根横放着的铅笔。发情雄鱼臀鳍转为红色，尾鳍上的红斑更为鲜艳，雌鱼腹部膨大。

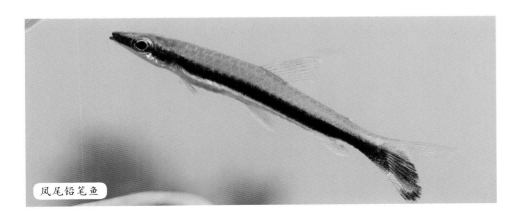

凤尾铅笔鱼

凤尾铅笔鱼适宜水温 24 ～ 28℃，软水，pH6.5 左右，硬度 4 ～ 5 度。这种鱼一般从水生植物体表寻找动物性食物。在饲养的条件下，可喂食人工饲料。

● 红鼻剪刀鱼

红鼻剪刀鱼又称红头鱼，原产巴西。体长 6 厘米，呈梭形。背鳍居中，与腹鳍对称。身体的主色调是银色，有些透明，头部是淡青色略微显黄，腹部银白色，头、吻至鳃盖后缘都呈红色，尾鳍是深叉形。

红鼻剪刀鱼适宜水温为 20 ～ 26℃，喜欢动物性活饵，体格健壮，泳姿敏捷，生性友善，和灯鱼混养效果极佳。

红鼻剪刀鱼

● 黑十字鱼

黑十字鱼原产阿根廷，体长 6～8 厘米，腹部以上鱼体是银色，到谈情说爱时所有的鳍都变红色，尾鳍的基部有一黑色十字花，所以得名"黑十字鱼"。

黑十字鱼能耐 18℃以下的低温，也能适应 30～32℃的高温。需在 pH6.8～7.0、硬度 5～8 的水中生活。喜欢吃动物性的饵料。但黑十字鱼太霸道，不可与娇弱的小型鱼混养，就是雌鱼和雄鱼同养，也常常是雄鱼受欺负。

黑十字鱼

● 三带鱼

三带鱼的原产地是南美的亚马孙河，鱼体高、侧扁，呈纺锤形，身长 4～5 厘米。三带鱼身体的主色调是黄褐色，背部转褐色发亮。头吻部比较圆钝，背鳍高耸，脂鳍明显，胸腹鳍长，臀鳍起点与背鳍起点相对应，尾鳍深叉形，各个鳍都是

三带鱼

透明的，眼睛则红黄相间有光。三带鱼体的两侧各有一条由褐黄黑三色组成的彩带，十分璀璨醒目。

三带鱼适宜生长水温为 23 ～ 26℃，水质要求是弱酸性的软水。喜欢吃鱼虫、水蚯蚓等活饵料，也能吃人工干饲料、颗粒饲料。性情温和、活泼，爱群居。

● 网纹鱼

网纹鱼原产于南美洲亚马孙河和圭亚那等地。网纹鱼的各个鳍平滑透明，背鳍上有许多米粒大小的黑斑，鱼体侧线上有一条黑色纵纹。底色银白色，醒目而具有神韵。鱼体最长能达到 10 厘米，呈亚纺锤形，嘴尖而小，眼眶上半部略显洋红色，鳞片稍大，且鳞片边缘有一小黑点，由交错的、细而清晰的黑线相连，远远望去整个鱼体像一片鱼网。

网纹鱼适易弱酸性软水，最适水温是 22 ～ 28℃。无论它在游动或静止时，常保持大头朝下的 45 度角，十分有趣。饵料方面，植物性饵料的藻类、水草嫩叶、嫩菜叶以及人工配合饵料都可以吃。

网纹鱼

● 玫瑰扯旗鱼

玫瑰扯旗鱼也叫大钩扯旗鱼，原产于南美洲亚马孙河、圭亚那。身长 5 厘米左右。鱼体呈纺锤形、中宽、侧扁，身体颜色为浅玫瑰色。鱼体和鳍均呈半透明状，鳃盖后缘的鱼体上有一块黑斑。腹鳍、臀鳍和尾鳍下缘也呈玫瑰色，是非常美丽的品种。

玫瑰扯旗鱼喜弱酸性软水，pH6.5 ～ 7.2，硬度 8 ～ 10，适宜的水温为 22 ～ 26℃，也能耐 18 ～ 20℃ 的低温。玫瑰扯旗鱼活动于水下层。喜欢吃小型活饵料，也能吃干饲料。宜群养，也能和其他小型鱼混养。

玫瑰扯旗鱼

● 玻璃扯旗鱼

玻璃扯旗鱼原产南美洲亚马孙河流域，与玫瑰扯旗鱼相似，但鱼体光滑、透明，背鳍上有一黑斑。

玻璃扯旗适宜饲养温度 22 ～ 26℃ 的弱酸性软水，也能适应中性和微碱性水质。它性情温顺、活泼，喜好在水的中下层活动，如果搭配草缸就更好看了。

玻璃扯旗鱼

● 刚果扯旗鱼

刚果扯旗鱼又名刚果霓虹鱼，原产地是非洲刚果河水系。刚果扯旗鱼身长8～10厘米，呈纺锤形，鱼头小，眼睛大，口裂向上；背鳍高窄，腹鳍、臀鳍较大，尾鳍外缘平直，但外缘中央突出。鱼体的基本色调是青色中混合金黄色，大大的鳞片具金属光泽，在光线的映照下，绚丽多彩，非常美丽。

刚果扯旗鱼

刚果扯旗鱼适宜的水温是 22 ～ 26℃，喜弱酸性软水。体格健壮，不择食，以动物性饵料为主，也较容易接受各种人工饵料。刚果扯旗鱼性格好动、喜欢群居，活动于水域的中下层空间，可以和大多数小型鱼类混合饲养。

● 血翅鱼

血翅鱼又名红鳍鱼、红翅鱼、红鳍脂鲤。原产地阿根廷。体长 4 ～ 6 厘米，呈亚纺锤形，侧扁偏长。背鳍居中，形状与扯旗鱼类相似。腹鳍腹位偏后，臀鳍、脂鳍也均偏后，尾鳍叉形。鱼体是银白色，背部是淡青褐色，而各鳍都是血红色，红白相映，非常漂亮。

血翅鱼对水质要求不严，喜欢澄清水质，饲养温度 22 ～ 24℃，性情活泼，易饲养，可与其他小型鱼混养。喜成群活动，受惊时体色会减淡。不择食，但对饵料的质量要求比较高，宜喂活饵料或观赏鱼专用的配合饲料。

血翅鱼

攀鲈科鱼

攀鲈科鱼原产于亚洲南部以及非洲，代表性鱼类有遏罗斗鱼、丽丽鱼、珍珠丝足鱼。攀鲈科鱼由于特殊的鳃腔结构可以呼吸空气，所以易于饲养，是一类奇特而美丽的小型观赏鱼。

● 中国斗鱼

中国斗鱼又名叉尾斗鱼、兔子鱼、天堂鱼等，原产长江上游以及支流嘉陵江水系、洞庭湖水系以及南方的野外溪流、河沟、稻田等亚热带地区。鱼体长 5 ～ 10 厘米。野生的中国斗鱼体呈长圆形，稍侧扁，眼眶为金黄色，体色呈咖啡色夹杂部分红色竖条纹，额头部分有黑色条纹，两侧鳃盖后方边缘各有一块绿色斑块。背鳍和臀鳍都有蓝色镶边，鳍上有深色斑点，背鳍、臀鳍均呈尖形，尾鳍基本呈红色深叉形。人们玩赏中国斗鱼的历史很久，它被称为"最早的热带观赏鱼，也是迄今为止最美丽的鱼种之一"。

中国斗鱼可以在 0℃ 以上的低水温环境中生存，在 14℃ 以上的水温中它可以很好地生长。中国斗鱼的体质强健，不择食，偏爱肉食性的饵料，可以说饲养很容易，受到很多人的喜爱。

中国斗鱼

● 白兔鱼

白兔鱼是叉尾斗鱼的白化变种，身体特征与叉尾斗鱼相同，但体色洁白，有粉红色条纹，眼为红色。

白兔鱼身体健壮，易饲养，对水温水质要求不严，喜食动物性饵料。可以在0℃以上的低水温环境中生存，在14℃以上的水温中它可以很好地生长。另外它可以在多种水草间栖息。白兔鱼和普通叉尾斗鱼一样生性十分好斗，不宜与其他小型鱼混养。

白兔鱼

● 盖斑斗鱼

盖斑斗鱼又名三斑斗鱼、台湾斗鱼。原产于中国南部、海南岛、台湾岛以及中南半岛。此鱼和中国斗鱼（叉尾斗鱼）十分相像，但体色较浅，底色呈温和的橘色。

盖斑斗鱼最佳生长的水温范围为 20 ～ 27℃，pH6.0 ～ 8.0。在繁殖期间，成年雄性斗鱼会出现性征变化，背鳍、腹鳍、尾鳍会一直延长至体长的一倍左右，身上的鳞片也会发出红、蓝相间的光泽，同时性情变得凶暴，出现明显斗性，往往会与靠近的雄鱼打得很激烈，甚至导致重伤、死亡。

盖斑斗鱼

● 圆尾斗鱼

圆尾斗鱼原产地是长江中下游及北方各省，同样是我国特产的小型斗鱼，以其圆形的尾部和叉尾斗鱼相区分。圆尾斗鱼体长 5 ～ 8 厘米，呈梭形，体侧扁，背鳍、臀鳍基部长，背鳍有 4 ～ 5 根延长的分枝鳍条。全身披栉鳞、吻短、口小、眼大。尾鳍呈圆形。鳃盖后缘有一块深蓝色的圆斑，镶黄边。体侧有不明显淡橙色或浅黄绿色相间的条纹。体色通常为灰褐色，光线较弱时背鳍、臀鳍和尾鳍呈红色，尾鳍上布满小点并有棕红色的镶边。体色随着环境变化会发生变化。

圆尾斗鱼的适宜生存水温是 24 ～ 27℃，容易饲养。在生殖季节同样凶猛好斗，故备受观赏鱼爱好者的青睐。

圆尾斗鱼

● 泰国斗鱼

泰国斗鱼原产于泰国、马来西亚、新加坡等东南亚国家。一般成鱼体长 8～10 厘米，呈纺锤形、侧扁。原来的野生品种体色不很漂亮，现在已有鲜红、绿色、蓝色、黑色、紫红色和杂色等多种色彩。各个鳍都又长又大，特别是背鳍、尾鳍和臀鳍。泰国斗鱼以好斗闻名，两雄相遇必定来场决斗，相斗时张大鳃盖，抖动诸鳍，非常好看。因此在饲养中，不能把两尾以上的成年雄鱼放养在一缸内。

泰国斗鱼的适宜饲养水温是 20～25℃，水质要求不高。虽然说泰国斗鱼雄性之间容易发生争斗，但是雌斗鱼之间却能和平共处，可以同养一缸。同时，它们不与其他的热带鱼相斗，是非常理想的混合饲养品种。

泰国斗鱼

● 接吻鱼

接吻鱼又叫亲嘴鱼、吻嘴鱼，原产地是泰国和印度尼西亚的苏门答腊。接吻鱼的体长，人工养殖的一般为 3～5 厘米。身体呈长圆形，头大、嘴大、眼大，尤其是嘴唇又厚又大，并有细的锯齿。眼睛有黄色眼圈。胸鳍、腹鳍呈扇形，背鳍、臀鳍特别长，从鳃盖的后缘起一直延伸到尾柄，尾鳍后缘中部微凹。身体的颜色主要

接吻鱼

呈肉白色，形如鸭蛋。接吻鱼以喜欢相互"接吻"而闻名，但这并不关乎爱情，而是一种争斗行为。

接吻鱼适宜生活的水温为 21 ～ 28℃，最适生长温度 22 ～ 26℃，喜偏酸性软水。能刮食固着藻类，刮食时上下翻滚，极为活泼。接吻鱼性情温顺、好动，宜与比较好动的热带鱼混养。

● 丽丽鱼

丽丽鱼也叫七彩丽丽、雪丽丽、桃核鱼、蜜鲈、加拉米鱼等，原产地是印度东北部。丽丽鱼体长 5 厘米，体形呈长椭圆形、侧扁，头大、眼大、翘嘴。雄鱼体色鲜艳，头部橙色、嵌黑眼珠红眼圈，鳃盖上有蓝色斑；躯干部有橙蓝色条纹。背鳍、臀鳍、尾鳍上饰有红、蓝色斑点，镶红色边。雌鱼体色较暗，呈银灰色，但也

丽丽鱼

缀有彩色条纹，色彩奇妙悦目。腹鳍胸位已演化成两根长丝；背鳍、臀鳍皆延长且相对；尾鳍平截或略有内凹。

丽丽鱼最适宜生长水温为 23～26℃、对水质和饵料都不苛求，比较爱清澈的老水。因很胆小，水中应多设水草、石块供它们隐蔽栖息。性温和，宜与安静的鱼混养。

● 珍珠鱼

珍珠鱼又名珍珠马甲，原产东南亚，以泰国、马来西亚和印度尼西亚的苏门答腊、加里曼丹最多。珍珠鱼体呈椭圆形，侧扁，头大微尖；口上位，眼大。从吻端下部及胸部一直到尾柄的基部，沿着身体的两侧，各有一条由黑色圆斑组成的纵向条纹。背鳍高而短，胸鳍圆扇形，腹鳍胸位已经演化成为一对细长而柔软的触须。臀鳍长而宽，占到体长的 2/3，始于腹鳍后，越向后越宽，直至尾鳍处。尾鳍后缘稍稍内凹，近似分叉。珍珠鱼全身银灰色，体腹乃至各鳍边都镶嵌了珍珠状的灰色圆斑，缓缓游动时珠光宝气，显得格外雍容华贵，柔和迷人。

珍珠鱼和丽丽鱼一样，有直接呼吸空气的器官，可以在水面吞咽空气，从空气中吸收氧，因而在含氧量较少的水中可安然无恙，能饲养在鱼体密度较高的水族箱中。同时，它们浮出水面吞咽空气的姿态也颇有伧目一观的欣赏价值。

珍珠鱼喜欢栖息于不太流动或完全静止的弱酸性的天然水域，需要的水温较高，最适水温为 24～27℃，对水质要求清澈透明。不择食，活饵和干饲料都可接受。

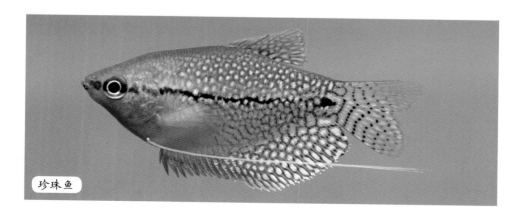

珍珠鱼

● 蓝星鱼

蓝星鱼原产于东南亚的马来西亚、印度尼西亚苏门答腊、泰国、越南南部以及南亚的印度等地。蓝星鱼体长可达 10 ～ 15 厘米，体高、侧扁，胸腹部至尾柄末端呈长弧形。腹鳍长丝，体胸位，臀鳍相应前位，鳍基延长直达尾鳍基部。尾鳍短，略分叉。各鳍淡黄色，繁殖期臀鳍出现橙红色宽边，尾鳍浅叉状，基色浅黄而透明。鳃盖部闪烁蓝色绮丽的光辉。蓝星鱼体侧有三块极其鲜明的黑色圆斑，一个在鳃盖后，一个在躯部中央，一个在尾柄基部，把鱼体装饰得非常俏丽。

蓝星鱼最适宜生活的水温是 22 ～ 26℃，对水质没有特殊的要求。有褶鳃可以呼吸空气中的氧气。食性杂，鱼虫、水蚯蚓、干饲料、虾蟹籽粒都可以吃。蓝星鱼喜静，不爱动，因此，不宜与好动的鱼类混养。

蓝星鱼

● 蓝曼龙鱼

蓝曼龙鱼是蓝星鱼的变种，外形特点与蓝星鱼相同，其体色蓝灰，体表布满深蓝色的花纹，幼鱼天蓝色的体色非常的漂亮。蓝曼龙依体色可分为两种：一种体色比较紫红，另一种则为光蓝色。

蓝曼龙适宜生活的水温是 22 ～ 26℃，对水质和饲料的要求也与蓝星鱼相同。

蓝曼龙鱼

● 攀鲈

攀鲈是攀鲈科的代表物种，原产地是南亚及东南亚热带和亚热带各国，在我国的云南、广西、广东、海南岛、福建及台湾岛等均有分布。体长约15厘米。攀鲈因外形似鲈，能攀援树木而得名。身体呈卵圆形，侧扁；头圆钝，吻短，眼略大，眼眶骨披以皮肤，下缘有锯齿；口端位，口裂略斜，后端达眼中部的下方；颌齿细小，鳃盖骨均有锯齿，鳃盖骨与下鳃盖骨后缘的锯齿呈棘状。鳞略大，头部亦具鳞，背鳍与臀鳍均有鳞鞘。胸鳍圆钝，腹鳍前移，背鳍与臀鳍延长且相对，尾鳍圆形。体灰绿色，体侧约有10余条黑绿色横条纹，有时或断裂为斑点；鳃盖后缘与尾鳍基底各有一个黑斑。

攀鲈是原生观赏鱼爱好者喜爱收集的鱼类，肉食性，大的个体会吃小鱼。适应弱酸性软水，pH5.5～6.5，适应水温20～30℃。

攀鲈

胎鳉科鱼

　　胎鳉科鱼身体娇小，色彩丰富，它们深受人们的喜爱原因在于它们的繁殖能力很强，不仅多产，而且能直接产出活蹦乱跳自行游动的小鱼。孔雀鱼、剑尾鱼、黑茉莉等都是这类鱼的佼佼者。

● 孔雀鱼

孔雀鱼别名彩虹鱼、百万鱼、库比鱼。原产于美洲的委内瑞拉、圭亚那、西印度群岛、巴西北部等地，作为观赏用鱼引入新加坡、中国台湾和内地，现已繁衍分布于部分热带地区的河川下游及湖沼、沟渠中，其野生栖地呈现多样化，主要栖息于淡水流域及湖沼。孔雀鱼体形修长，后部侧扁，有着非常漂亮的尾巴。雌雄鱼的体形和色彩差别较大，雄鱼身体瘦小，体长 4～5 厘米。背鳍较长，尾鳍宽而长，占体长的 1/2 以上，尾柄长，大于尾柄高。根据其尾鳍的形状，分为上剑尾、下剑尾、双剑尾、琴尾、针尾、圆尾、旗尾、扇尾、三角尾、剪尾、尖尾、大尾等品种。其身体及背鳍、尾鳍的颜色五彩缤纷，主要有红色、蓝色、黑色、黄色、绿色、虎皮色及杂色等。有些雄鱼的尾巴上有蓝黑色小圆斑，像孔雀的尾翎。雌鱼身体较粗壮，体长可达 7 厘米左右，体色暗淡，呈肉色，稍透明，背鳍和尾鳍的颜色较雄鱼逊色得多。

性情温和、活泼好动的孔雀鱼是热带观赏鱼中最普通、最为人们喜爱饲养的一种鱼。适宜饲养的水温是 22～24℃，pH7.0～8.5。孔雀鱼的繁殖能力很强，并能耐受污染的水域，具群集性。孔雀鱼性情温和，能与温和的中小性型热带鱼混养，寿命较短。

全红孔雀鱼

礼服孔雀鱼

马赛克孔雀鱼

雌孔雀鱼

● 剑尾鱼

剑尾鱼属胎鳉鱼科，原产地是墨西哥和危地马拉。成鱼体长 10 厘米，体似纺锤形。剑尾鱼的鱼体长，侧扁，背、腹缘呈浅弧形；头尖略显小，吻尖，尾柄高。背鳍位于腹鳍上方，尾鳍叉形，下叶比较长。雄鱼尾鳍下缘向后延伸出一针状鳍条，形似长剑，长度有时可达体长的两倍。体色有红、红白、五花等，常见品种有红剑、青剑、白剑、墨鳍红剑、鸳鸯剑等。

剑尾鱼的性情温和，很活泼。适宜饲养的水温为 23 ～ 26℃，pH7.0 ～ 7.4。主要食物有红线虫、水蚤及干饲料等。因剑尾鱼喜跳跃，水族箱顶要加盖。繁殖时临产雌鱼腹部有一明显黑斑，俗称胎斑。雌鱼直接产出仔鱼。每次产仔 50 ～ 200 尾，每月产仔一次。

苹果剑尾鱼

红剑尾鱼

鸳鸯剑尾鱼

红白剑尾鱼

金剑尾鱼

三色剑尾鱼

● 玛丽鱼

玛丽鱼原产中美洲的墨西哥，体长 8 ～ 10 厘米，是热带鱼爱好者广泛饲养的一种观赏鱼。玛丽鱼有多种人工选育的变种，常见品种有燕尾红玛丽、燕尾黑玛丽、三色玛丽、高鳍红玛丽、高鳍金玛丽、皮球银玛丽、鸳鸯玛丽、珍珠玛丽等。其中珍珠玛丽又可分为 4 个品种：燕尾珍珠玛丽、高鳍珍珠玛丽、高鳍燕尾珍珠玛丽及普通高翅珍珠玛丽。这类玛丽鱼身体细长，体形较大，体色呈银灰色或青蓝色，有金黄色珍珠点分布在背胸及全身各部，在阳光或日光灯照射下，格外艳丽。高翅珍珠玛丽雄性鱼的背鳍在游动及求偶交配时，高竖如帆，姿态美妙绝伦。鸳鸯玛丽是这类鱼中较容易饲养的一种。雄鱼体色多变，华丽多彩，鳍可分红、黄两种，黄鳍者为黄翅鸳鸯玛丽，红鳍者为红翅鸳鸯玛丽；雌性身体肥大，臀鳍呈扇状，体色略显灰暗，与华丽的雄鱼相衬托，恰似鸳鸯鸟一般，因此有鸳鸯玛丽之美称。

玛丽鱼性情极温和，从不攻击他鱼。杂食，爱啃吃藻类，可喂碎的植物绿叶，对水温适应能力较强，22 ～ 28℃均可，但对水质较为敏感，需要经常换新水。玛丽鱼喜欢含盐分的碱性硬水，可同其他花鳉类混养。

银玛丽鱼

玛丽鱼

● 黑玛丽

黑玛丽又名黑摩利，原产于墨西哥。成年雄鱼体长 7 ～ 8 厘米，雌鱼体长可达 10 ～ 12 厘米。黑玛丽是玛丽鱼的变种，体形和玛丽鱼相似，呈亚纺锤形，全身漆黑如墨。其代表鱼有圆尾黑玛丽、燕尾黑玛丽、皮球黑玛丽等；其同类由于颜色不同，又有红玛丽和银玛丽之分。

黑玛丽是卵胎生鱼类中较难饲养的一个品种，在无日光照射的水族箱中很难饲

皮球黑玛丽鱼

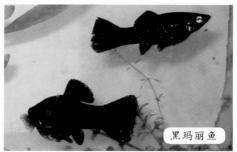

黑玛丽鱼

养。这种鱼性情温和，可与其他性情温和的鱼类品种混养。喜弱碱性（pH7.4）硬水，在水温为 22 ～ 28℃的水中生活良好，且对水温的变化很敏感，因此不可一次性全部更换水，应常部分换水。

黑玛丽属杂食性鱼类，日常饲养中可投喂活水蚤、红虫等动物性饵料，也可投喂一些新鲜的菠菜叶或莴苣叶，或让其啃食水草和缸壁上的绿苔。更换新水后可放入少许食盐，预防疾病的发生。

● 月鱼

月鱼的别名是月光鱼、新月鱼、满鱼、阔尾鳉鱼等，原产地是墨西哥和危地马拉。鱼体长 4 ～ 6 厘米，呈纺锤形。头小眼大，吻尖，胸腹部较圆，近尾部渐趋侧扁，尾柄宽阔，尾鳍圆弧形，背鳍位于身体中部偏后，外缘圆弧形。月鱼能与剑尾鱼杂交，杂交品种常见的有红月光、蓝月光、黄月光、黑尾黄月光、黑尾红月光、花月光、金头月光、帆翅月光等品种。经人工优选培育，体色和鳍色会产生许多不同的色彩，非常美丽。

月鱼对环境和温度的适应能力也比较强，可适应 18 ～ 28℃的水温，最适生长温度为 22 ～ 26℃，如属珍贵种，水温应保持在 25 ～ 26℃。月鱼喜中性、弱碱性水质，pH7 ～ 7.4。月鱼不挑食，性情温顺，喜静，游动觅食都很文雅。

红月鱼

三色月鱼

 其他品种

● 水针鱼

水针鱼又名半颌鱼、尖嘴梭子鱼等。原产地是新加坡、印度尼西亚苏门答腊岛和泰国。鱼体长 5 ～ 7 厘米，野生种可达 10 厘米。鱼体圆筒形，较纤细，头背部至尾柄平直。主要特征是下颌向前延长，不能活动；上颌短小呈三角形，能活动张合。背鳍、臀鳍对称，位于尾柄前，远离头部。腹鳍不发达。体色基调银白色，鳞片带有明显的金属反光，背鳍、臀鳍、尾鳍带黄色，背鳍基处有红色斑块，也有臀鳍红色，腹鳍上有红色斑块。体色不稳定。

水针鱼饲养初期对水体环境要求较高，需要水流较迅速、水体澄清的环境，最宜水温 26 ～ 28℃，pH弱酸，且需长期稳定保持，故而不可频繁更换新水。食物方面，水针鱼由于其特殊的嘴部构造，只能掠食水层表面的漂浮物，可选用干红虫（红虫的干制品）等浮料，也可捕食掉落水面的苍蝇等小昆虫。水针鱼的雄鱼好斗，有"角斗鱼"之称，但与其他鱼类不斗，可以和其他种类热带鱼混养。

水针鱼

● 绿河鲀

绿河鲀别名金娃娃、绿娃娃、深水炸弹、木瓜鱼、潜水艇。原产地印度、泰国、马来西亚、缅甸以及中国南端淡水、海水交汇的水域，是鲀鱼类中十分有代表性的观赏鱼。

鲀鱼类观赏鱼有很多种类，已经发现的大约有 300 种。在众多的观赏鱼种类中，鲀鱼类观赏鱼可以说是比较特殊的种类之一，很多人对它们可以说是一无所知，只是被它们鲜亮的颜色、可爱的外表所吸引。我们这里介绍的绿河鲀就是其中典型的小型鲀鱼类观赏鱼。

绿河鲀体态较小，体长 5 ~ 17 厘米。身体滚圆且臃肿，腹部膨大，一对突起的大眼睛非常有神，游动时显得比较笨拙；鱼体呈鲜艳的黄绿色，上面散布着黑色或绿色的斑点，外型憨厚，其模样十分可爱。游动时用胸鳍拨水，更为逗人。被鱼网捞起时，鱼会大量吸气，鱼腹部膨胀得像一个球，十分有趣。绿河鲀的适宜饲养水温是 24 ~ 28℃，温度偏低会导致它的体色发黑、色彩暗淡。不过它在睡觉或长期缺乏光照的情况下色彩也会变浅，这时就无须担心。绿河鲀由于是淡、海交汇处水域的鱼类，所以需要的水质要呈弱碱性，同时硬度稍高；如果有条件，在饲养的时候可以向水中适当撒一些大盐。鲀鱼类的主要食物是鲜活小型鱼、虾和红虫。

绿河鲀

一群小鱼从水草间隙游过，若有所思，看到它们悠然自得的身影，我们的心会放松下来。大自然原本如此美好……

养鱼篇

　　一般的养鱼爱好者都喜欢把不同种类的热带鱼放养在同一个水族箱内，但这是需要几种热带鱼能够和平共处这个首要条件的。因此，饲养者必须了解以下几个方面。一是不同种类的鱼对水质的适应性是否基本一致，比如喜欢酸性水和喜欢碱性水的热带鱼不能混养在一起；二是不同种类的鱼能否相安无事、和谐共处。有些热带鱼类生性凶猛好斗，具有食肉性，它们就不能同别的鱼类一同混养；也有的鱼虽然性情温和，但喜欢清静，比如七彩神仙鱼，这类鱼就也不能和其他的鱼混养在一起。所以鱼类搭配混养时，除了要注意色彩和体形要匹配外还要充分考虑各种鱼类的生活习性。另外，有些鱼类由于性情温和、体形较大，既不攻击其他鱼类，也不会遭到其他鱼类的攻击，而且在水族箱中有清除残饵改善水质的作用，一般水族箱中往往都要搭配 1～2 只。

　　无论是刚买来的鱼还是刚经过长途运输的鱼，都不能马上放进事先准备的水族箱里，正确的做法应该是把装鱼的袋子放进水中浸泡一段时间，等袋子内外水温一致时，再把鱼放进水族箱。刚刚购进的热带鱼在 1～2 天内不要投喂，要根据鱼的活动情况，投入少量与原来一样的饵料。

　　要养好热带观赏鱼，首先是要营造淡水热带鱼的生存环境。热带、亚热带的地理气候条件使热带鱼长期生活在光照充足、水温高、温差小、天然饵料丰富的弱酸性软水中，因此它们的生长发育繁殖与水质、水的生态条件密切相关。人工饲养时不可能做到与热带鱼故乡水域条件完全相同，但必须为它们提供基本能够适应的生活条件，这些条件包括水温、水的硬度、水的酸碱度等。

热带鱼生活的水环境

热带观赏鱼饲养的水环境

● 适宜的水温

　　热带鱼是狭温性鱼类，对水温的要求比较苛刻，对水温的变化也特别敏感，能适应的水温为 20 ～ 30℃，超过这个范围的上限或者是下限对大多数热带鱼类来说都有生命危险。如果水温降到 20℃ 以下，热带鱼会生病或者是死去，水温虽然达到 20℃，但如果长期偏低也会影响它们的食欲和生长，昼夜温差过大如超过 5℃ 以上也会给它们带来不适，时间一长就会导致患病死亡。对养鱼用水的水温调节一般有两种：一是直接给水族箱的水增温；二是通过提高室内温度间接提高水温。

　　在北方，冬春季养鱼，水的温度更是十分重要的。根据一般规律，低档热带鱼在 22 ～ 25℃ 生长良好，而中、高档热带鱼则需 25 ～ 28℃，最高可至 32℃。雏鱼比成鱼需要的水温略高；身材娇小、体色鲜艳的鱼种比身体壮硕、色调单一的鱼种水温要略高；病鱼比健康鱼水温要略高；高档鱼比低档鱼水温要略高。由于有些水族器材质量较差，加之有些中小城市时有停电的现象，所以选用略大的水族箱，则相对安全系数要高一些，因为大型水族箱水温下降要慢得多。另外，有些鱼迷冬季在水箱内安装几个加热器，怕水中温度不均，其实无此必要。因为在同一水箱内，水温不均则有利于热带鱼的生长，这是过去一般养鱼书刊尚未谈及的。

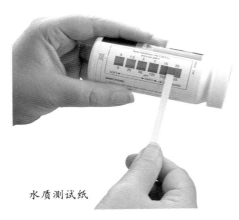

水质测试纸

碱性水生成的水垢

● 水的软硬与生熟

1. 软水

绝大多数热带鱼要求在软水和低硬度的水中生活和繁殖，水的硬度主要是由水中所含钙盐和镁盐的数量决定的。8 度是软水，8 ～ 14 度是低硬度水，20 ～ 30 度为硬水，一般的雨水和雪水是软水。我国华南地区红壤土质比较多，河流中的水硬度低，大多是软水；北方雨量少，土壤含盐碱量高，水的硬度也高。热带鱼对水的要求不如对水温那么苛刻，硬度较高的水也能适应，但在繁殖的时候要求硬度较低的水或者是软水。自来水是养殖热带鱼常用的水源，判断其软硬最简便的方法是水煮开后看水壶中的水垢，水垢多就是硬水，水垢少就是软水。

2. 水的软硬度

一般讲我国各大中城市的供饮用水，绝大部分是河水或水库水，硬度在 5 左右，对热带鱼的生长较为合适，所以一般来说水的软硬度可忽略。但水的软硬度对

鱼类的繁殖确实起着举足轻重的作用。七彩神仙鱼和红莲灯鱼等均在硬度为 0～1 的水质中产卵；阿根廷珍珠一类非常娇贵的观赏鱼，则只能在硬度为 0 的水中存活；南亚、东南亚水域中的热带鱼则繁殖于硬度 5 左右的水中。我国南方城市如广州、佛山的水质较软，对七彩神仙鱼、红莲灯鱼等南美产的娇小鱼种，有着得天独厚的繁殖条件。

可以充分软化自来水的纯净水机

北方城市如北京、天津的水质稍硬，繁殖此类鱼种则很困难。近年来，由于水族器材及药品的不断更新，人们可以在各种条件下配制出各种酸碱度、软硬度不同的水质。此外，水的软硬度对鱼体的色彩也有一定的影响，比如，蓝七彩神仙鱼在硬度为 0 的条件下，呈淡蓝色，而在硬度稍大的水中呈鲜蓝色或湖蓝色。鱼体的柔韧性也有明显的变化。

3．水的"生熟度"

水的"生熟度"这个因素对热带鱼，特别是高档热带鱼有着很大的影响。在养鱼过程中，我们首先要明确以下四种水的定义。

新水：是指刚刚晾好的自来水或新打的井水。这种水尽管十分干净，但却与自然界中鱼生活的环境相差很大。由于水中没有硝化细菌群落，鱼儿的排泄物、散落的食物残渣腐败变质后分解为氨，鱼儿极易中毒。

老水：也就是"熟水"，是呈浅绿色或是淡琥珀色的水，富含腐殖质和有益的微生物及藻类，建立起了良好的生态循环系统，经过氮循环，分解为对鱼无害的硝酸盐。这种水对鱼的生长极为有利。

绿水：是水中的有机质含量过多，蓝藻、绿藻及褐藻大量繁殖，细菌微生物的

一天后可用

三天后可用

10小时后可用

新水的处理方法

含量暴增，水的颜色呈浓浓的绿色，有时会发出臭味，极易造成整缸的鱼死去。

回清水：又叫"咬清水"，是绿水中藻类和微生物含量太多，将水族箱里的氧气消耗殆尽，造成藻类和嗜氧性细菌的死亡。这种水似乎清澈无比，但没有氧气，是有大量的厌氧性有害细菌的死水。

以上四种水中，只有老水才是我们的所需要的。初学者往往大惑不解的是，在水箱内困了若干天的"老水"，温度也合适，养鱼就是不活。这主要是水太"生"，用行话说太"楞"的缘故。改革开放以来，国内外的中高档热带鱼品种不断涌入我国市场，几乎每年都推出十来个新品种。这些中高档观赏鱼品种对我国的水质要有一个熟悉的过程，比较"生"的水是很难存活的。特别是在北方的各大城市，高档热带鱼都是经空运而来，水质较"生"，死亡率很高。我国已饲养多年的"虎皮""神仙鱼""曼龙"等，由于对生活环境早已熟悉，一般均好饲养。目前有经验的养鱼行家和水族商店，"侍候"高档鱼也无甚高招，主要就是备几缸"老水"。这里的所谓"老水"，不是指"困"过几天的水，而是指养过鱼的水。实践发现，热带鱼鱼体表面有一层细脂或黏液，长期养过鱼的水会溶有这种油脂或黏液，这样的水才能称为"熟水"。中高档热带鱼如果不是在国内繁殖而是直接进口，那么熟悉我国水环境的时间不长，对国内的水质要有一个较长的适应过程。所以初养这些观赏鱼品种，应尽量使用温度稍高的"熟水"。

"熟水"的获取可以通过一些低档鱼"闯缸"或向其他鱼友取一些健康的养鱼水来获得。

热带鱼喜欢生活在"熟水"中

总而言之，概括起来要注意以下问题：初次饲养时要注意水的温度；饲养中、高档鱼种时要注意水的"生熟"；分缸饲养时要注意水的酸碱度；繁殖雏鱼时要注意水的软硬度。如果我们熟练掌握了水的调养和水质的保持，养鱼的死亡率会大大降低。

● 水的酸碱度及其调节方法

水的酸碱度是目前饲养高档热带鱼中越来越受重视的问题。水的酸碱度是指水中所含氢离子的浓度，水的pH可以用pH试纸或者是测定仪来测定。有着长期饲养珍贵鱼种的鱼迷们对此问题处理得颇好。

目前我国南北方的淡水及饮用水，pH有着一定的差异。南方如广州等地的饮用水，pH低于7，是养殖大多数热带鱼的理想水质。北京的淡水或自来水pH在7左右，属中性水，黄鳍娟、蝙蝠鲳等半海水鱼，在广州不易养好，而在北京却活泼健康。世界范围的淡水热带观赏鱼，从产地上分，主要是两大系统，即生长在南美洲各淡水水域和东南亚、南亚淡水水域的两大类热带鱼。其中，生长在南美洲水域中的品种，大多喜栖息在pH低于7的弱酸性水质中；而生长在东南亚、南亚水域中，包括生长在北美洲南部水域中的鱼种则多喜栖息在pH为7的中性水质中。此外，一些半海水鱼，如蝙蝠鲳、黄鳍娟及大洋洲的五彩金凤等则更喜弱

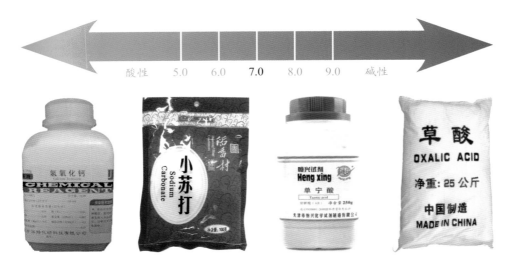

酸性 5.0 6.0 **7.0** 8.0 9.0 碱性

可提高、降低水酸碱度的药物

碱性水质。了解以上的大致规律，对于我们分缸饲养中高档热带鱼种会有较大的帮助。

　　如果是常年饲养观赏鱼的有经验的高手，也可以自己选择生活中的常用化学物品，如提高pH主要使用小苏打，而降低pH则可使用稀释的磷酸溶液，手法熟练的话效果还是很理想的。不过，目前国内外观赏鱼市场销售养鱼用的器材、药品比较丰富，调试、测试水质pH的各种药品、化学试剂、试纸等应有尽有，获取十分方便，对初养者也不会有困难。

　　● 热带观赏鱼的换水

　　热带观赏鱼的换水要根据不同的水质情况及不同的鱼种来确定换水次数和换水量。鱼密度大、容积小、水质易混浊的裸缸，可能需要昼夜过滤、天天换水。又如斗鱼活动量小，喜欢老水，就应减少换水次数和换水量。在换水时，注意水的温差应控制在4℃以内。对水温敏感的鱼，温差应控制在更小的范围内。

　　对于缸中铺沙种草、开过滤器、定时添加有益菌对净化水质是有很大作用的。不过，尽管我们的水族箱可以建立起较好的生态过滤系统，但这个生态环境还毕竟太小，比起天然水域鱼的密度又太大，因此，生态平衡更容易遭到破坏。水质、水

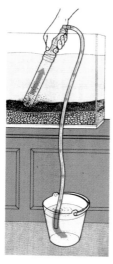

换水的方法

环境发生转化，主要是由于鱼粪、残饵沉积，导致水质混浊，有机物耗氧，产生硫化氢有害气体；或者藻类旺盛，水草的光合作用受到影响；水的理化性质因水分蒸发或有机物增多而发生变化等等。如果水族箱较大而养的鱼很少，这种转化可能较慢。如果水族箱较小，且养的鱼数量较多，再加上投喂鱼虫、人工汉堡等食物，转化可能就进行得较快。过滤系统的良好运转是必要的，但换水仍旧是基本的解决办法。

对于裸缸，最好结合换水每天用虹吸管将缸底污物吸出，并添加适量新水。对于水草缸可一星期换水 1～2 次，使用专用吸水管也可吸出部分沙中污物，每星期的换水量掌握在总水量的 1/3 左右。

一杯清茶，一抹余晖，静看鱼儿戏水，多么惬意的生活啊！

热带观赏鱼的饲养设备与使用

● 水族箱

饲养热带观赏鱼，以水族箱为主要容器，这样既便于观赏，又可以美化室内环境。水族箱的正面一般采用略微有弧面的玻璃，这样既使得整体造型美观，又保证箱内的鱼、水草等景物不变形。至于水族箱的选择，可根据以下条件：

造型简约的现代水族箱

一是根据居室条件、家具摆设而定。宽阔的厅堂，配以大型水族箱显得豪华气派。书房、卧室的一角，放置一小型水族箱可能更显得玲珑剔透，富有格调。当然无论如何，水族箱是要占据不少空间的，受居室所选择的地点和日常家具的大小所限制，最好提前规划甚至测量出空当位置得到尺寸，以免水族箱买来后布置不开，导致摆放不合理。

二是根据养殖品种和数量。对于多数鱼友来说，更重要的可能是要看养什么鱼、养多少鱼。水族箱体积越大，容水量越多，水体生态和水温越稳定，越接近自然环境，越符合鱼的需要。如养银龙、锦鲤等大型鱼，就要用长度至少1米的宽大箱体；我们介绍的小型观赏鱼，箱体可以小些，但为了观赏的效果，鱼的数量往往较多，水族箱的体积也不宜太小。不过箱体太大，占房子空间太大，操作会不方便，冬季加温会用电较多。如果室内布置允许，一般选择长度80～150厘米、宽度30～50厘米、高度40～60厘米的水族箱非常合适。

三是是否配置水草。如果准备栽种水草，那么缸体宽度不宜太小，否则难以布置出层次感；高度不宜太大，否则会影响灯光的照度。

如果不种植水草而希望有观赏背景的话，用背景板或是背景纸则是最好的选

由专业厂商生产的标准水族箱

择。一般这两种物品都比较适合长方体的大缸，铺在背面，做成壁画。长方条形的鱼缸，鱼可以有足够长的游泳长度，观赏价值也更高，水体也比较庞大，配合上选择恰当的背景板，可以营造出很好的景深效果。

● 水族箱里的设备

如果不是购买成品水族箱，还应单独购买过滤设施、加温设施、温度计、灯具等必备用品。如果准备种水草，还应同时购买底沙、水草、水草基肥等。有必要的话，可同时购买二氧化碳供应系统、沉木和一些饰品。

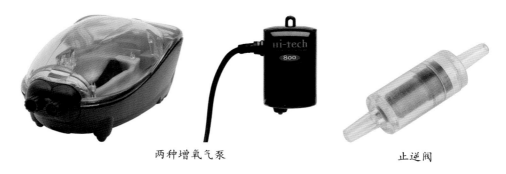

两种增氧气泵   止逆阀

1. 增氧设备

增氧泵就是简易的电动充气机，往水中充气增加水体的氧气含量。家庭用的水族箱，如果是简单景观需要，配备振动气泡式充气泵即可，方便也很好玩。增氧泵有两种：一种是马达式气幕型。这是一个为饲养观赏鱼专用的电动微型空气压缩泵，可以不断地将空气经压缩管、散气石送入水中后，以微细气泡冒出水面。当气体通过水时，气体中的氧气因压力关系溶解入水，增加了水中的溶解氧，同时，养鱼水体中的二氧化碳，可随这些微小气泡的上升而排出。在电动充气泵上有旋钮，可以调节充气量的大小。另一种是振动式气泡型。多带有装饰物，发出的气泡较大，冒泡时带动水流产生动力，可使装饰物产生动态效果。小容器或鱼少水宽的水体中可用气泡型增氧。总之，增氧设备在水族箱养殖中是不可缺少的。

2．过滤设备

观赏鱼缸中的热带鱼最有碍视觉、令人扫兴的是沉在水底的鱼屎及其他脏物造成的水质混浊。但是无论怎么勤力换水、除污和放入水草，都不能持久维持清澈透明的水质，只有滤水器能解决这个问题。使用滤水器后，不需换水、排污，便能保持水质透明清澈。

过滤器又称滤水器、滤清器。过滤器种类很多，可分为缸外式过滤器和缸内式过滤器。过滤器是由过滤层（活性炭、玻璃棉、化纤棉或砂砾等）、管道、水泵等组成。虽然种类繁多、大小不同，但原理都一样。利用电力将水族箱底的鱼屎、残饵、浊水，不断地从管道输向过滤床（过滤层、过滤管），滤过的洁净水则不停地返入鱼缸。

家庭饲养观赏鱼，一般用箱外置顶式的即可，具有使用方便、清洗容易、微型电动机不易损坏的优点。这种过滤器搁在水族箱口内侧粘贴在玻璃板架上（一般购买过滤器商品都会配套有吸盘用以粘贴过滤器）。这种过滤器的一端为长方形塑料盒，盒内铺有两层化纤棉，另一端为一个水泵和水管。使用时搁在水族箱口上，接

最常见的水族箱过滤器　　　　　圆筒过滤器　　　　　两种内置过滤器

通电源，小水泵不断地将水从插入水中的水管和横管输入长方形盒内，经化纤棉、活性炭过滤后，成为清洁透明的水返回箱内。过滤系统进水口和出水口都是软管相连，入水的长度和角度都可以自行调控。

除去常见的置顶式过滤器以外，还有大型鱼缸通常使用的底部过滤和微型小缸使用的沉水过滤。

底部过滤器是在置顶式过滤器的概念上改造的。因为大型鱼缸的载水量实在太大，一个置顶式过滤器，功能有限，其所配置的滤材远远无法胜任净化水质的工作；而底部过滤器所运用的基本上是配套的"过滤槽"，这个过滤槽的体积相当于鱼缸的1/4甚至1/3，其所提供的过水和安置滤材的空间都大大增加，充足的过滤棉、陶瓷、生物球等滤材完全有能力完成净化水质的工作。

沉水过滤器是专为小型鱼缸生产的过滤设备，本来小型鱼缸的初衷就是要节约空间，如果为了这个缸再拿出多余的地方去放置过滤装置就得不偿失了。沉水过滤放置于水缸之内，既完成了水体的清洁，又保证了空间的节省，确实是一个很方便的设备。但须指出的是由于它的体积很小，无法放置过多的滤材，基本也就是一块海绵，所以只能服务于小型、微型鱼缸的工作，在大中型鱼缸中，是根本无法达到过滤效果的。

底滤板

悬挂式过滤器

3. 加温设备

加热棒是水族箱内最常见的加热工具。相信除了热带地区，其他地区凡是饲养热带观赏鱼的爱好者的水族箱里都会有加热工具！这些工具除了保证鱼儿能够生活在适合的温度中，还常用于治疗病鱼或为一些鱼类提供较高水温以促其繁殖。一般一个水族箱都要配备两支自动调温加热棒，以防加热棒失灵而造成温差变化过大。

如果是大型水族箱中养大鱼，一定要将加热棒固定好，因为大型鱼的力量很大，很容易使加热棒碰到鱼缸壁，从而损坏，所以我们建议养大型鱼除了固定好加热棒最好还要选择金属加热棒。

加热棒应该尽量避免与玻璃直接接触，也不要将其埋在底沙里面。因为这些做法都会导致鱼缸玻璃受热不均，使缸体破裂。在水族箱内将加热棒斜放或者平放在靠近缸底的位置，这样散热效果更好。因为水加热后会上升，垂直放置的加热棒，棒下部产生的热水与棒上部的温差相对较小，热传导就会慢些，这无疑降低了加热的效率，延长了加热时间，浪费了能源。并且温控装置在加热棒上端，会导致加热棒提前停止加热。但是平躺或斜躺的加热棒，摆放样子的确是不很好看，因此很多人还是愿意垂直使用加热棒。在这个时候就需要配合温度计来调节水温。温度计应该放在远离加热棒的地方，这样确保得到的水温不是来自刚刚加热出来的热水。

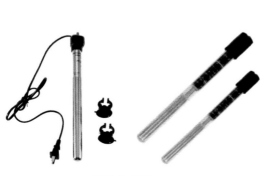

两种加热棒

水族箱和过滤器的安装

4．照明设备

光线对于热带鱼也是十分重要的，对于饲养热带鱼主要有三个方面的作用：第一个作用便是利于我们观赏。没有或者光线过弱，我们就无法看清鱼缸里的景物，也就无法观赏。同时，适量的光照可以突出鱼体身上鲜艳的颜色，如粉光灯就可以突出红色，而蓝光灯则可以突出蓝色、绿色，或让白色变得更加有神秘感；有些鱼的鳞片上有金属反光效果，这也只有在光照的条件下才能最大限度地呈现美感。

第二个作用是有助生长。热带鱼的生长发育也需要光照，光照可以使热带鱼生长得更快，使鱼体更加绚丽多彩，使鱼的繁殖周期缩短。

第三个作用则是针对于鱼缸中配景所栽植的水草。光是所有植物进行光合作用的最主要因素。没有光，水草就无法进行光合作用，光线过弱或者光照时间过短，水草的枝叶就会因光合作用太少而泛黄甚至枯死；但是光照的条件也有一定限度，

照明设备对水草非常重要

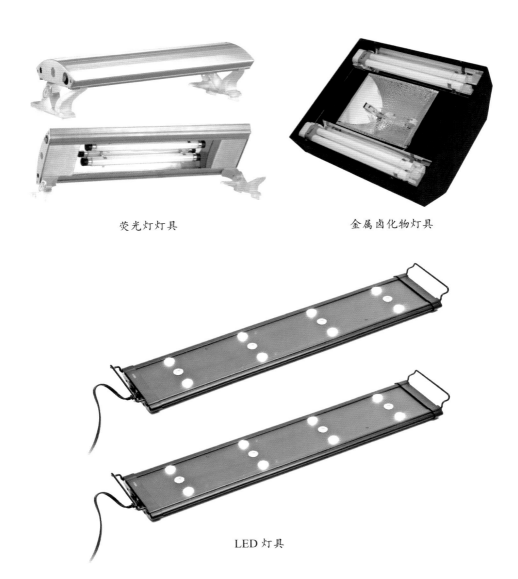

荧光灯灯具　　　　　　　　　　　金属卤化物灯具

LED 灯具

光线过强，水草的枝叶就会生长绿苔，影响水草的光合作用。

　　在有阳光的房间摆设鱼缸，最好在早晚阳光不太强烈时，各接受 1 小时左右的阳光照射，如果在没有阳光的房间摆设鱼缸，就应该长时间采用灯光照射水草，用60 瓦的白炽灯泡或者 40 瓦日光灯每天照 6 小时。

● 其他饲养器具

温度计：以显示清楚、误差小的温度计为佳。有浮在水面和固定于箱壁两种形式。

捞鱼网：网口有圆形、方形和三角形等，网口以粗铁丝为框架，网身是柔软的滤水性好的尼龙蚊帐网布。选购捞鱼网形状，根据

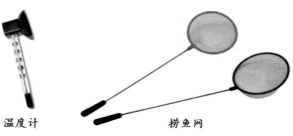

温度计　　　　　捞鱼网

鱼缸形式而定，圆形缸用圆口捞鱼网，长方形的水族箱，用方口捞鱼网，便于在箱角捞鱼。捞鱼网的规格根据鱼的大小决定，一般用大些的捞鱼网容易捞到鱼而不碰伤鱼体。

吸管：有塑料管、橡皮管及玻璃吸管三种。塑料管和橡皮管是利用虹吸原理吸水。玻璃吸管接上橡皮空心球，挤压球体，压出气体后利用回吸力将脏物及水吸入，移出箱外。

装饰品：可在水族箱的背面贴上风景画，在缸内加些假山、小桥、岩石、沉木、水草来装饰水族箱。

饵料杯：用来控制投喂饵料数量，避免过多的饵料在箱内造成水质恶化。

紫外线杀菌灯：杀菌和除藻。

储水桶：塑料桶、铝桶、木桶均可，作晾水用。

沉木和岩石是水族箱中最好的装饰品

争抢食物的鱼儿

 # 热带观赏鱼的饵料与投喂

● 饵料的选择

　　热带鱼的食性各有不同，多数热带鱼是食肉性的，少数是杂食性的，极少数是食草性的。食肉性鱼又有凶猛和温和之分。凶猛性的口大，喜欢吃小鱼小虾和蚯蚓等大块食物，比如得州豹鱼、龙鱼。本书介绍的小型热带观赏鱼则属于后者，大都性情温和，鱼体小，口也小，喜欢吃水蚤、摇蚊幼虫等小型动物。投喂时，应针对鱼的食性有选择地进行投喂，选择的食物要新鲜，天然食物最好是鲜活的，冷冻的也可以。人工饲料不能够发霉变质。另外为避免营养均衡缺失，只要鱼能够接受，饲料选择要尽量多样化，饲料的品种要经常变化。

　　除了人工颗粒饲料，动物性鱼食有以下几种。

1. 水蚤

　　水蚤又称红蜘蛛虫。颜色艳红，个头适中，分布较广，几乎所有适合生长的淡水水域都有它们的足迹。这种鱼虫在水中群集，跳动速度较慢，含有较丰富的蛋白质、脂肪和钙质，是公认的最好的热带鱼饵料。但这种鱼虫的缺点是：放在容器里时生命较短，尤其是夏季，它们只能活一两天。所以在喂鱼前，一定要将它们冲洗干净，然后捞取活的喂鱼。

水蚤

2. 仓虫

仓虫个体较大，皮较厚，蛋白质含量略低于水蚤，营养也比较丰富，适合于喂养成年热带鱼。这种鱼虫在捕捞时死亡较多，喂时更要注意冲洗和筛选。

3. 剑水蚤

剑水蚤又称青蹦。个体较小，营养价值较低，容易死亡。它们在水中一蹦一停，速度较快，有些行动迟缓的热带鱼，尤其是幼鱼，往往追不上它们。所以这是一种较差的饵料。

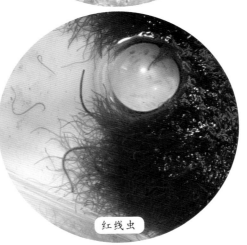

红线虫

4. 红线虫

红线虫身体细长，颜色暗红，生活在水质较脏的水泡、水沟边缘的浅水中，它们的身体一半在淤泥里，一半在水中不停地摆动。红线虫营养丰富，含有较多蛋白质和脂肪，是成年鱼较理想的食物，尤其是北方的冬季，捞不到其他活饵时，红线虫是唯一的鲜活饵料。

使用红线虫喂鱼时一定要将它们散开，以免它们聚成球，影响鱼的摄食。这种鱼虫存放时，要放在底部平坦的扁平容器里，容器高度一厘米左右。要留少量的水，水位不要高于鱼虫的高度，要将容器置于阴凉处，并每天换两次水。这种鱼虫冬季可在容器中活一个月。

除红线虫以外，其他鱼虫在自然水域中都有其一定的活动规律，如傍晚和黎明时，鱼虫大都浮在水表层，这是捞取鱼虫的最好时刻；但因天气变化，如刮风、下雨、阴天等，也会影响鱼虫沉浮。所以捞取鱼虫时，要细心观察，逐步掌握其活动规律，只有这样，才能收到较好的效果。

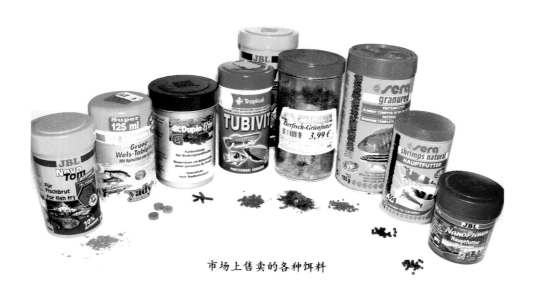

市场上售卖的各种饵料

● 正确喂食

选择好合适的饵料后，还要掌握正确的投喂方法，才能够使鱼儿长得既快又好。一是要确定投喂量，投喂量的控制方法很简单，就是一点一点喂食，一开始的时候鱼儿会抢食，到鱼儿抢食不明显的时候就可以停止了。一次投喂太多时，鱼儿吃不完的话就会残留在水中影响水质。二是要定时喂。一般来说一天投喂一两次就可以了，最好是固定在同一钟点投喂。如果一个水族箱中同时饲养着好几种热带鱼可以一天投喂两次，早晚各一次。

热带鱼只有生长在适宜的环境中才能有好的胃口，所以除了食物要可口，还要营造一个合适它们生长的环境。溶解氧偏低、水温不适当、水质恶化等因素都会影响鱼的食欲。

热带观赏鱼的选购

热带观赏鱼的挑选难度比较大，每个人有一套自己的审美观，很多新手对于某些鱼常常一见钟情。在这种情况下，如果这些鱼种不是特别贵或特别难养，都可以买。因为从自己喜欢的鱼着手养起，这样入门会较为快乐易学。在购买的时候要把握以下几点。

● 选择品种

第一，选择可以和睦相处的品种。选择相配的鱼是非常重要的，一般慈鲷科的神仙、东非三湖慈鲷、丽鱼、地域性较强、性格较粗暴，要特别注意其是否会攻击其他的鱼，短鲷、斗鱼的雄鱼在同种间会互相排斥，但和其他品种的鱼相处则相安无事。

因鱼的种类繁多，同科的鱼个性也不尽相同，在购买之前最好询问一下店家，自己也多加观察多了解。一般而言，性情温和的热带观赏鱼还是占大多数。

第二，选择好养的品种。新手应以"好养"作为选鱼的方向，不要追求新奇的品种，以免浪费金钱还养不好鱼。基本上好养的鱼价格都不贵，且外形也不差，新手切勿好高骛远。

● 注意规格

大鱼吃小鱼，这是众所皆知的事实，这与性情无关，通常嘴巴较大的鱼种，只要它肚子饿

新买来的热带鱼

了，一开口小鱼便会被吃了。一般常见的大嘴鱼有红尾鸭嘴、龙鱼、火箭等，饲养上应与小鱼分开，以免小鱼成了活饵。

另外，购买鱼的规格不要太大也不要太小。大了可能是老龄鱼，对新环境的适应性差；同一品种中，太小的鱼体质弱，不容易养殖。要在同一批鱼当中选择大一些的鱼，因为这些鱼可能比较健康，长得快。

● 考虑养殖密度

对于水族箱不大的养鱼新手，须格外注意饲养密度，因为过多的鱼将会考验新手水质管理的水平。所以建议新手，鱼不要饲养得太多。以新手常用的两尺缸为例，最好养30条小鱼，或10条中型鱼，或2条大鱼比较好。根据情况再做一些增减会更保险。

● 挑选健康的鱼

健康的鱼游动起来应是轻松平衡，鱼鳍舒展自然。若鱼沉缸底，一副病恹恹的样子，或有浮头、感觉呼吸困难的现象则是非常不健康的鱼，通常买到家中用不了

即将放入鱼缸的新鱼

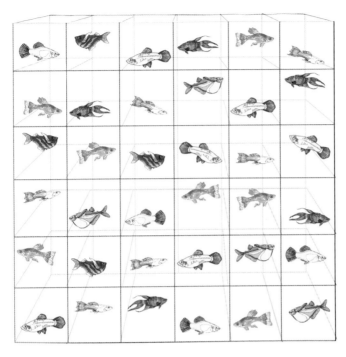

1 厘米

热带鱼放养密度示意图

多久就会死掉。另外，别选购皮肤充血、脱鳞、有白点、有伤口，或鱼鳍有破损的鱼，这些鱼虽不至于影响鱼的生命，但已属于高危险群。

要特别注意的是，若同一缸中有死鱼、病鱼，应避免购买，因为鱼可能已经染病了，只是尚未发作，若买回去很容易传染给缸中健康的鱼。

在鱼缸中活泼，且喂食时会立即冲上来的鱼，其健康状况应是非常好的。如果水族馆老板在忙，没办法喂给您看，您可以将鱼缸盖打开，或将手在鱼缸前来回晃动试试，反应热烈的鱼是健康的。

除了上述几方面，以下几点也是在购买鱼时要考虑的：一是要选择单一品种时，要考虑到鱼的色彩、体况以及个体的大小；二是在选择多个品种搭配时，要考虑各个品种之间的兼容性以及温度和水质等是否属同一层次，避免大鱼吃小鱼；三是考虑鱼缸里是否有水草，如缸中以水草为主，则应选择一些小型灯鱼及一些清苔鼠等破坏性不强的鱼类。

在水族箱中产卵的鱼

 # 热带观赏鱼的繁殖

　　热带观赏鱼繁殖情况比较复杂，有的容易，有的比较困难，有些则至今仍然没有在人工的环境下繁殖成功。了解它们的繁殖特征，对成功进行繁殖非常重要。热带鱼由于原产于四季不分明的热带地区，繁殖方法也没有明显的季节性，只要水温适合、营养充足，适应性良好的小型热带鱼是非常容易繁殖的。特别是胎鳉科的各种鱼类如孔雀鱼、玛丽鱼、红剑鱼等，只要稍加留心，就可以为饲养者带去繁殖小鱼的快乐。下面就繁殖小型热带鱼的注意事项做一些简要介绍。

　　● 繁殖用水的准备

　　活性炭过滤水：将活性炭装入塑料或搪瓷圆桶中，让自来水从底部的进水口流入，从顶部的出水口流出。过滤后的水贮存在水族箱或其他容器中，既可作日常饲养用水，又可作普通热带鱼的繁殖用水。

　　离子交换树脂过滤水：将离子交换树脂作过滤材料，借助于阴阳离子交换树脂的吸附能力，可将水中的钙离子、镁离子、亚硝酸盐吸附。过滤后的水质是中性软水，适合作拟鲤科、鲤科、慈鲷科的鱼类繁殖用水。

去离子水：又名蒸馏水。一般采用电渗析和电解法来获得，水质非常纯净。去离子水的水质极软，水中含氧量极低，不适宜作饲养用水。使用时，常采用与清洁水兑掺的方法，来获得不同硬度和酸碱度的水质，满足不同品种繁殖用水的需要。

雨水：水质较软，金属离子含量很少，适合作为脂鲤科、鲤科鱼类的繁殖用水。一般可选市郊地区空气清新的地方，用容器盛装雨水，再经过滤后即可使用。

健康的亲鱼

● 亲鱼的选择和培育

繁殖前首先要进行亲鱼的选择和培育，训练优秀的亲鱼是成功繁殖热带鱼的重要条件，培育亲鱼最好从幼鱼开始，选择好之后要悉心照料，并投喂优质的天然饵料。在成长过程中逐渐把体质弱、生长慢的淘汰掉，把个体大、体色鲜艳、体态优美、观赏价值高的保留下来。特别注意所培育的幼鱼中有没有有特色的变异，如鱼鳍变长、体色改变等，把它们保留下来也许能够培育出一个新品种。

● 准备繁殖缸和鱼巢

准备好适合繁殖用的鱼缸，专供亲鱼产卵或产子。除了繁殖缸还要准备装鱼卵的鱼巢，好鱼巢不仅能够让鱼卵附着，还要诱发亲鱼发情促使它们产卵。一般来说，热带鱼的巢有水草巢、瓷板巢，在实际应用中，前者常被尼龙绳制成的水草状鱼巢所代替，而瓷板巢通常用塑料板制造而成。繁殖缸和鱼巢在使用前都要彻底清洗，必要的时候要进行消毒处理。消毒剂一般选用高锰酸钾溶液，处理完毕后，按热带鱼繁殖所要求的水质注入清水，把水调节到适当的温度就可以了。

热带鱼种类繁多，繁殖方法也各式各样，但是归纳起来可以分为卵生和卵胎生两大类。卵生是指鱼卵在体外受精并孵化出鱼，卵胎生是指卵子在体内受精并在体内孵化成鱼。卵生的子鱼成活率比卵胎生鱼小得多，但卵生的优点是一次能够产出大量的卵子，如果人工照料得当，一次就可以得到许多小鱼。由于产卵方式不同，卵生类的热带鱼繁殖方式也不同。神仙鱼喜欢把卵子产在瓷板上，它们的卵子有黏性，能粘在瓷板上孵化，它们的体形都不大，但产卵量却不少。神仙鱼的繁殖缸一般选用 40 ～ 60 厘米的水族箱，箱内不必放底沙，但要用软水并给亲鱼创造一个安静且黑暗的产卵环境。

雄鱼发情的时候会展开背鳍和尾鳍并不断追逐雌鱼。出现这种情况后，先把雌鱼捞进繁殖缸，等雌鱼熟悉新环境后再放入一两条雄鱼，一般要在傍晚的时候放雄鱼，这样的话，快则第二天早上就可以产卵，慢则 2 ～ 3 天内产卵。

产卵前雄鱼和雌鱼会在追逐的过程中反复将瓷板舔干净，正式产卵时，雌鱼将生殖孔紧贴着瓷板，轻轻移动身

人工环境下孵化的子鱼

体，并产下卵子。雄鱼紧跟在雌鱼的背后，并张开输精管将精子射在卵子上，如此反复。卵子静静地接受授精的过程，一般持续 1～2 小时。受精卵在繁殖缸中孵化出子鱼后，子鱼会挂在瓷板巢上继续发育。用不了几天，子鱼就能自行游动了，这时就要给它们东西吃了。一般先喂 2～3 天煮熟的蛋黄水，然后开始喂各种可以收集到的小型活饵，如水蚤、丰年虾等。

孔雀鱼、玛丽鱼等不用准备"鱼卵"的环节，因为它们属于胎鳉科鱼类，是以直接胎生的方式繁殖后代的。这些鱼的卵子在雌鱼体内受精，受精卵发育成子鱼后产出体外。子鱼产出后就可以游动并自行觅食，因而成活率很高，管理起来就比较简单。繁殖的时候选择一群亲鱼把它们放养在水族箱内，它们就会自然交配，有的时候我们会看到几条雄鱼同时追逐一条雌鱼这是正常现象。一同放养后，用不了多久，雌鱼的腹部就逐渐变大，并且发黑，这时就可以把它单独捞出来放在繁殖缸中饲养了。为了防止亲鱼吞食子鱼，要用产卵架把亲鱼和子鱼隔开，也可以把亲鱼放在一个笼子里，笼子要挂在繁殖缸中，这样产出的子鱼就可以通过笼子的网眼儿落到繁殖缸中。

● 几类热带观赏鱼的繁殖特点

卵胎生鱼类：卵胎生鳉鱼科的鱼类，雌鱼体内授精，受精卵在雌鱼腹部发育成熟后由雌鱼直接产出子鱼，子鱼遇水即会游动。亲鱼繁殖时任意配对，雄鱼追逐雌

在水草中产卵的鱼

卵胎生过程

鱼，雌鱼怀孕后，腹部膨大。临产前，肛门处有一个明显的黑斑，这时要将待产的
雌鱼隔离饲养。卵胎生的鱼类有孔雀鱼、剑尾鱼、月光鱼、玛丽鱼等。将临产的雌
鱼网起放在产卵缸中特制的笼子中。笼子底部有许多网眼儿，子鱼可自由通过，但
亲鱼不能通过。雌鱼产子后，子鱼通过网强眼儿游入水族箱中，可间接地起到保护
子鱼的作用。如果临产的亲鱼多，可在产卵缸中同时悬挂几个笼子。产后的雌鱼，
应放回原缸中饲养。此外，也可采用在产卵缸底部铺放尼龙网板的方法，供子鱼游
入网板下的水中躲藏。

　　如果室外水温在18℃以上，也可直接将亲鱼放养在室外鱼池，水面漂浮几棵水
草，既可遮挡阳光，又可成为雌鱼产子或子鱼藏身的地方，让它们群居群生，自由
繁殖，也可获得大量子鱼。雌鱼一般每月可产子一次，每次可产子鱼50～200条。

　　水草卵石生鱼类：热带鱼中以水草或卵石为产巢产卵的，主要有鲤科、拟鲤
科的鱼类，如四间鱼、斑马鱼、金丝鱼等。亲鱼随意配对，很容易就可以交配繁
殖，若无特殊需要，即将它们群养在一起，时间一到，自然会互相追逐，完成产卵
活动。这类繁殖方式十分简单，几乎不需要饲养者的外力介入，尤其是斑马鱼，产
子量和产卵频率十分固定，是希望得到繁殖乐趣的初级饲养爱好者最理想的选择
之一。

　　如果是有目的的定向繁育，则须事先准备单独的繁殖缸，然后挑选雌鱼和雄鱼，将选好的种鱼网入繁殖缸中，完成产卵活动。定向繁育一般是一雄配一雌，有些是二雄配一雌，将 3～5 条种鱼放入繁殖缸中，完成产卵活动。

　　繁殖缸以 30 厘米 × 20 厘米 × 15 厘米规格为主，在缸底铺一块挺括有弹性的尼龙网板，四角放几束金丝草，缸底再散放数粒鹅卵石。在繁殖缸中加入繁殖用水，调好水温，放入小的气石充氧。傍晚时，将种鱼放入，亲鱼互相追逐，受精卵就会粘附在水草中，或散落在卵石间或落入网板下，避免亲鱼吞食，一般第二天早晨产卵完毕。产卵后的亲鱼可放回原缸饲养，也可单独静养在一个缸中。鲤科、拟鲤科的热带鱼品种，一般都属于水草卵石生鱼类。亲鱼第一次产卵后，间隔 7～9 天，进行第二次产卵。亲鱼在繁殖期，雄鱼体色艳丽，有明显的"婚姻色"。亲鱼性成熟的年龄多是 6～7 个月，繁殖用水的水质多是弱酸性的软水，繁殖水温在 24～28℃。亲鱼随意配对，繁殖比较容易。

正在水草丛中产卵的鱼

泡沫卵生鱼类：热带鱼中攀鲈科的鱼多是泡沫卵生鱼类，它们多数来自东南亚地区，其品种有泰国斗鱼、珍珠马甲鱼、接吻鱼、红丽丽鱼、五彩丽丽鱼、蓝曼龙鱼等。泡沫卵生鱼类是热带鱼中生殖方式比较特殊的。亲鱼配对具有很强的随意性，其卵产在水面，并在水面上孵化为子鱼。

攀鲈科鱼类的繁殖大同小异，需要时要将一对亲鱼单独捞出。我们以最常见的斗鱼举例说明。选择 50 厘米 × 50 厘米 × 35 厘米或 50 厘米 × 45 厘米 × 30 厘米的水族箱作繁殖缸，水面上漂浮几棵浮性水草或绿菜叶。将一对亲鱼放入，雄鱼就会依托着水草或在缸的四角吐出大量白色泡沫，白色泡沫类似于洗衣粉所产生的泡沫，高高地浮在水面。雄鱼追逐雌鱼，在泡沫下鱼体双双缠绕，完成产卵活动。雄鱼将受精卵用嘴含着吐入泡沫中，雄鱼护卵性很强，会一直照顾到子鱼孵出为止。种鱼一般傍晚时放入繁殖缸中，第二天早晨产卵结束。产卵完成后，要立即将雌鱼捞回原缸饲养，如果晚些捞出雌鱼，雄鱼会不断追逐雌鱼，有时会把雌鱼的尾鳍啄光。

斗鱼科的鱼类，性成熟年龄在 6 ～ 7 个月。亲鱼在繁殖期间，雄鱼身上有明显的"婚姻色"，体色特别鲜艳。在繁殖期间，大多数品种亲鱼可以混养在一起，但泰国斗鱼除外。泰国斗鱼在繁殖时，一缸内只能放一条雄鱼，以避免它们互相打斗。亲鱼繁殖的间隔时间为 7 ～ 10 天。

磁板卵生繁殖

瓷板卵生鱼类：热带鱼中的磁板卵生鱼类多是神仙鱼，神仙鱼在自然环境中将鱼卵直接产在阔叶形的水草叶面上，在水族箱中，常以绿色塑料板或瓷砖作产巢，来取代阔叶形水草。神仙鱼常见的品种有黑神仙鱼、金头神仙鱼、鸳鸯神仙鱼、芝麻神仙鱼等。用作产巢的塑料板，可选 0.5 毫米厚的绿色塑料板，剪成 12 厘米 × 6 厘米的长方形，呈 45 度角的斜面，固定在 10 厘米高的底座上，这就是一个完整的产巢，使用时将它放在繁殖缸中。

神仙鱼的繁殖缸以 50 厘米 × 45 厘米 × 35 厘米为主。神仙鱼是自行配对，配好对的种鱼固定在一个繁殖缸中，不再拆开。繁殖用水是微酸性的软水，繁殖水温 27 ～ 28℃，将产巢放入繁殖缸中。产卵前，亲鱼用嘴轮流清洁瓷板，雄鱼输精管细小而微突，雌鱼输卵管粗大而突出。产卵时，雌鱼在前，将卵粒均匀有规则地产在瓷板上，雄鱼紧随其后，完成授精工作，整个过程有条不紊。产卵结束后，亲鱼轮流用胸鳍划水，照顾鱼卵。亲鱼产卵结束后，取出产巢放在孵化缸中孵化，一般 48 小时后，鱼卵即孵化为子鱼。亲鱼第一次产卵结束后 10 ～ 12 天，第二次产卵。亲鱼性成熟年龄在 6 ～ 7 个月。

花盆卵生鱼类：花盆卵生鱼类以慈鲷科的鱼类为主，如七彩凤凰鱼、蓝宝石鱼、橘子鱼等，它们喜欢将卵撒在花盆内壁。亲鱼自择配偶，配好对的亲鱼固定在一个繁殖缸中，不再拆开。将花盆平放在缸底，亲鱼可自由进出。产卵时，亲鱼用嘴清洁花盆，然后一前一后有条不紊地完成产卵活动。产卵结束后，可将花盆取出，放在孵化缸中充氧孵化。亲鱼性成熟年龄 6～7 个月，第一次产卵后，间隔 15～20 天第二次产卵。繁殖水质为微酸性的软水，繁殖水温 27～28℃，繁殖环境喜光线暗淡的水族箱，要求周围安静。此外，热带鱼中的七彩神仙鱼也是以花盆为产巢，可选用紫砂花盆做产巢，将花盆倒置于繁殖缸中，亲鱼会将卵撒在花盆的外壁上。

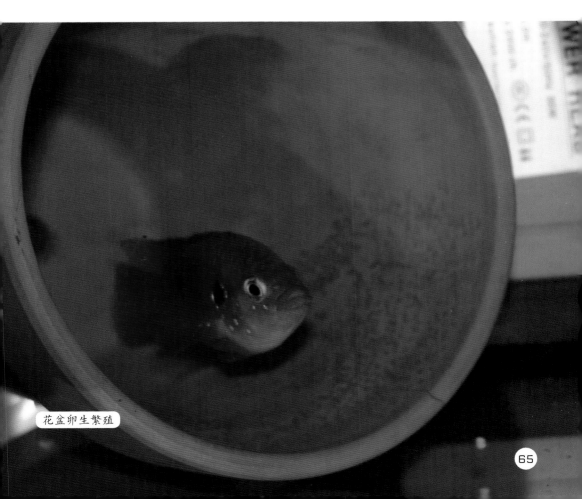

花盆卵生繁殖

 # 热带观赏鱼的常见疾病及其防治

目前在观赏鱼市场，小型热带观赏鱼正以其娇小的体态、绚丽的色彩、放养量大、对生存环境要求较低等特点顺理成章地成为水族箱的宠儿，受到了越来越多的养鱼爱好者的宠爱。在繁忙的工作之余，欣赏一下游姿迷人的热带鱼，也是妙不可言的享受。但热带观赏鱼在养殖过程中，由于水环境问题或是日常操作中不经意的失误，也易造成各种疾病，其中大多数疾病和金鱼、锦鲤的疾病相似，但由于热带观赏鱼的品种繁多，形态各异，疾病发生的情况也有自身特点，尤其是在防治和用药方面与一般的鱼类有很大的不同，因此在治疗热带观赏鱼疾病的时候，一定要谨慎用药，以免造成不必要的损失。

热带鱼因细菌、病虫感染而最常发生竖鳞病、小瓜虫病和烂鳃病等几种病症。以下就这几种疾病的特征和治疗方法做简要介绍。

● 竖鳞病

竖鳞病是几乎所有有鳞片的热带鱼都会患的流行病。此病主要发生在夏季，发病的鱼全身鳞片竖起，腹腔内充满积水，腹部膨胀呈圆球形，眼球突出，鳍的基部充血，顺鳍条方向轻压，有血丝渗出。病鱼游动缓慢，对外界刺激反映迟钝，呼吸困难，常独自漂浮于水面或沉在池底，停止摄食，最后死亡。竖鳞病的致命菌是水中常见菌类，越冬后水温低，水质恶化，鱼体受伤以及换水时突然加入大量冷水或换鱼时温差过大，都会使鱼感染这种病。

治疗方法：用2%的食盐水与3%的小苏打混合液浸泡病鱼10分钟。同时每千克鱼每天用土霉素30～80毫克制成药饵投喂，连续喂6天。预防发生应做到经常保持水质清洁，换水时要经过晾晒，温差要上下小于两度，冬春季节水温不要偏低。

● 小瓜虫病

热带鱼常会因小瓜虫寄生在皮肤和器官组织上而得病，严重时全身的皮肤和鳍上布满囊泡，并覆盖着白色的黏液层，因此又把这种病叫作白点病。

感染细菌的鱼

治疗方法：第一种方法是调节加热器，使水体温度升高到30℃，用肉眼就可看到白点从鱼体上脱落。应及时把底层的水抽出，连续处理2～3天便可以自愈。这种方法适合所有的热带鱼，并且效果显著、安全可靠。第二种方法是在每立方米水中均匀地溶入红汞水1.5～2毫升，疗效显著。但这种药对鱼的肝脏有损害，不宜多次使用。

● 烂鳃病

几乎所有的淡水热带鱼都会得烂鳃病，发病的鱼体色暗淡、失去光泽，常离群独自漂浮在水面上，停止摄食。打开鳃盖，鳃丝呈粉红色或者灰白色，鳃丝糜烂残缺不全，上面布满黏液，其中混杂着鳃丝残片和泥土杂物。

治疗方法：在水中洒入1～2毫克/升呋喃西林或03毫克/升疾特灵，也可以每立方米水中均匀地溶入链霉素4万国际单位。

賞鱼篇

　　小型热带鱼既可以在小小的鱼缸养着，放置于办公桌上或家里茶几上欣赏，也可购置一个大一点的水族箱，让成群美丽的小型热带鱼群畅游在较大的空间之中，那个场面也是令人心旷神怡的。

热带鱼和水草的完美结合

　　小型热带鱼十分适宜观赏，而且养殖过程也是十分灵活的，既可以在小小的鱼缸养着，放置于办公桌上或家里茶几上欣赏，也可在家中放置一个大一点的水族箱，让成群美丽的热带鱼畅游在较大的空间之中，那个场面也是令人心旷神怡的。

　　不过，热带鱼的体形小，过大的空间难免显得空旷。那么，有什么样的方法可以填补一下这个遗憾呢？现在，我们把目光转移向了水草，翠绿的水下草丛体现出了一派生机勃勃的自然风貌，而其中穿梭悠游、不时闪现艳丽光华的小型鱼类，更是让这幅优雅的画卷灵动万千。水草和小型热带观赏鱼的搭配堪称完美，这样美丽的构图给人们带去愉悦的视觉享受，大大超越了仅仅对热带鱼的欣赏。

　　可以说，水草养殖业的出现和发展，完全是由于观赏鱼养殖行业的兴起。一开始水草和观赏鱼的关系是观赏鱼为主，水草顶多就是个陪衬；而随着人们对观赏水族不断的追求和发掘，水草的美丽终于蓬勃焕发出来。而今的水族界，已经出现了专门饲养水草的"纯草缸"，也有鱼、草共游的"半草缸"。在这样的半草缸中，水草不再是水族箱中的点缀，它们更以千姿百态、优美动人、色彩明艳的茎叶，成为水族箱中的主角。这一章，我们就简要介绍一下适合与小型热带观赏鱼共养一缸的水草品种，以及它们的日常维护。

水草的分类

　　水族箱内常见的水草多以热带水草为主，根据水草的生长特点，一般将其分为四大类型：第一类为挺水植物，这种水草的特征是整个根茎生在泥中，茎和叶子挺出水面；第二类为浮叶植物，这类植物的特征是根茎长在泥中，长着长柄的叶子一直延伸到水面，但不会挺出去，而是浮在水面表层；第三类为沉水植物，大多数观赏水草都属于这一类，沉水植物的根生在泥中，茎和叶子也淹没在水中；第四类为漂浮植物，它们的根不扎进泥土，而是整株植物浮在水面上随波逐流。

野外的挺水植物

水草品种简介

● 大柳

大柳的褐色的茎是直立的，宽大的绿叶成对成长。其特点是适应能力强，长得快，既可以单独种植，也可以集中栽种。在水族箱中，它适合用来布置中景和后景，栽种的水质条件是pH6.5～7.5，水温为22～28℃。

大柳

● 皇冠草

皇冠草原产于巴西，适合布置水族箱中的中景和后景。它的叶子是淡绿色的，披针形，在合适的环境下很容易成活。它对环境的要求是软水、中度光照、水温为24～26℃，中细颗粒的底沙，pH6.5～7.2。

● 火焰皇冠

火焰皇冠是皇冠类水草的杂交品种，适合布置水族箱的中景。它的叶子宽大，呈深红色，如同一团燃烧的火焰，因此而得名。它对环境的要求是中性水质，水温为24～26℃。pH6.5～7.2。

● 阿根廷皇冠

阿根廷皇冠原产于南美，适合用来布置中景。这种皇冠草，叶子是长

皇冠草

阿根廷皇冠

椭圆形的，叶柄比叶子长 2～3 倍，它对生长的环境要求是光线较强，水温为 22～28℃，pH 6.5～7.5。

● 水兰

水兰原产在美国，适合布置水族箱的中景和后景，光照时它的叶子向下垂，像一条条长长的带子。它们适合的生长环境为水温 22～26℃，pH6.5～7.5。

● 大血心兰

大血心兰是适合布置中景的水草，这种水草原产于各个大陆的热带地区。它的茎是垂直向下生长的，茎和叶都是棕色或者深红色，如果是在强光的照射下常能显出醒目的红叶。它对生长环境的要求是水温 24～30℃，pH 5.5～7.2，细沙底质，要栽种在宽阔的空间。

● 小椒草

小椒草原产于斯里兰卡，是适合做前景的著名水草品种。它青绿色的叶子是鹅卵形的，特点是生长慢，但成活率高，适宜大片栽种。适宜栽培的水温为 22～30℃，中度的光照，pH6.0～7.2。

水兰

小椒草

● 金鱼藻

金鱼藻是适合用来布置侧景和后景的水草，为多年生沉水植物。它没有地下主根，细长的茎均匀地布满分支，叶子像绿色的线条一样，在水温为 18～28℃、pH 为 6.0～7.5 的环境中很容易成活。要注意的是由于金鱼藻一生都没有根，所以无论布置在哪里，都要很扎实地将它固定在底床中，以免它"不听话"地漂走。

● 红玫瑰

红玫瑰也叫茶叶草，这种原产于北美地区的水草适合布置水族箱的中景和后景。它的茎是直立生长的，叶子十字对生，有趣的是叶面是绿色，叶背却是紫红色的。这种水草适应能力很强，很好栽培。只要为它提供一个水温为 18～30℃、pH 为 5.8～7.5 的环境，并经常修剪就能够生长得很好。

● 虎耳草

虎耳草原产于美国，是适合布置中景和侧景的水草。它淡绿色的叶子直接长在茎上，美丽动人。这种水草容易栽培，只要提供水温 22～28℃、pH 为 6.0～7.5、有肥沃底质的水源就可以了。

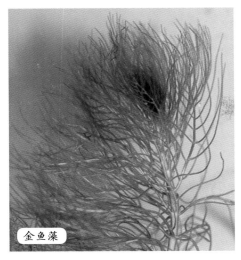

金鱼藻

红玫瑰

虎耳草

宝塔草

● 宝塔草

宝塔草原产于印度等地，适合布置水族箱的中景和后景，它的叶子是轮生的，像羽毛一样分叉。它的老枝会自行脱落，新芽长到水面的时候就随水漂流。栽培宝塔草技术很简单，水温在 22 ～ 28℃，pH 为 6.0 ～ 7.5 的硬水，再配合强烈的光照和丰富的铁肥即可。

珍珠草

● 珍珠草

珍珠草适合布置中景或前景，这种水草的茎纤细而柔软。淡绿色的叶子是长卵形，它的特点是能长成茂密的一片，并且生长非常快，但它的栽培相对较困难，需要非常仔细地一株一株栽下去，十分考验耐心和细心。适合在水温 22 ～ 28℃、pH6.0 ～ 7.0、有充足光线的环境中生长。

 # 水草的选购

①若购买的是整棵水草，则要选择枝干结实、叶子茂盛，新叶正发而根深茂密的健康水草。

②若为有茎水草，其茎叶呈笔直成长，其根须长在茎底部的节眼，以新芽明显且可辨认者为佳。

③若为球茎水草，则必须重而有分量，新芽茂密结实地张开于球茎之外。

选购水草时，以下几种情况须特别注意：整棵水草无根或根已腐坏，新芽成长状况不佳或生长停止；有茎水草的茎部以下开始腐烂且无根，叶子稀疏而只剩若干，且顶端无法辨识出新芽；球茎水草，不见新芽生长或不够重，茎叶无法伸展，且长有其他物质甚至发出恶臭。水草出现以上这些情况都应避免购买或使用，以免破坏整个水族生态环境。

按盆出售的水草

家庭水草水族箱

 # 热带水草的水箱养殖

　　按照正常的操作规程，水草水族箱的制备要分为三个阶段：①基本设施的安装；②栽种水草；③水族箱熟化放鱼。每个阶段之间都要间隔一段时间作为调整适应期。如果不按操作规程做的话，哪怕是布置无草、不铺底沙的最简单的水族箱，在养鱼初期也照样容易死鱼，不但造成经济损失，更动摇饲养者养好鱼的信心。安装水族箱必须按照一定的顺序去做，才能做到既无疏漏又节省时间。

● 基本设施的安装

　　①在选好的位置上稳固地放好水族箱座架，铺好垫子，将水族箱放上去；检查箱体是否放稳；退后几步，审视高度是否合适。

②如果使用底部过滤器，应在水族箱放到位后，将过滤板和提水管组装并放到箱底。检查提水管上端的高度，应略低于箱沿，否则最后无法盖上顶盖。

③加入少量洗净的底沙，颗粒大的在下，颗粒小的在上。沙的平均厚度约 3 厘米就可以了，要剩下些留着种草时用。

④放上装饰用的石块和摆件。如果使用底部过滤器，可以将石块堆起掩饰住部分提水管，但不要把石头靠在水族箱壁上。在两块以上的石头垒起时，最好在接缝中点些玻璃胶稍做粘接。

⑤沉木是否放入要根据设计要求而定。沉木上要栽草的，可以在以后栽草时再放，不栽草的则可在此时放入。竖放的沉木基部要用尼龙线与大石绑扎在一起。假水草可以在此刻跟石、木一起安装好。

⑥将加热棒用塑料小吸盘固定在水族箱内两边的玻璃上。如采用内置式循环过滤设备，也可在此时固定在水族箱内的玻璃上。加热器斜放比直插的散热效果更好，位置放低比放高的效果好。有的加热器不能完全浸在水下，尾柄的位置只能放高一点，等以后放水后再做调整。所有电器在未放水时不要通电使用。

⑦缓慢地向水族箱中注水。由于暂时不用放鱼，所以此时用自来水直接注入即可。为避免水流冲起底沙，可一手舀水加入，另一手的手心作为缓冲托住水流。用水管注水时，也可以将水流冲在石块上，或在水管口上系上布条，让水经布条后流入，减少冲击力。水体即使有些浑浊也不要紧。注水完毕后调整加热棒的高度至合适位置。

⑧安装气泵、水温计和顶盖照明灯。采用外置式或顶盖式过滤器的，也在此时安装。所有的设备安装好以后，进行通电试验，初步了解各设备的运作状况和要领。

⑨水族箱按照正式养鱼的要求连续通电 3 天。在第 2 天可以试着进行一次换水操作。此期间试一试水温是否合适，查一查循环过滤系统的工作状态是否良好，听一听气泵噪声是否太大，看一看水族箱和外接设备有无滴漏水的现象。细心找出不足之处进行调整。

灯鱼是水草缸中的亮点

成年的神仙鱼让水草缸看上去有些拥挤

 # 水草造景与鱼的搭配

● 置景原理和方法

　　热带水族箱的置景主要依靠石材、水草和鱼类，反映的是热带雨林水下世界的旖旎风光。在造景方法上，它是中国的园林造景艺术的延续。中国园林造景把造景的材料概括为：势头是景物的骨架，水是景物的血脉，植物是景物的灵魂。在布景上要求各种景物错落有致、迂回曲折，以达到以鱼衬景或者是以景衬鱼的最佳观赏

　　效果。着手营造景观时必须考虑周全，构筑山水景观要先选好石材，安排石材的位置和大小再决定用什么水草。若是营造春天或者是秋天的景色，要先根据季节特征选择好水草的颜色，然后再决定用什么样的石材。若需布置热带景观，则需要选择扩叶草。

　　草缸布景时，除了石材水草的选择外，还应考虑鱼的体形、色彩、习性以及与景观的联系。浓密的水草、大面积的石材中不适宜放入大型鱼，以免水草缠住鱼或石头擦伤鱼体。冷色调的鱼应该选择暖色调的水草或中性色调的水草，最好在水族箱中放单一品种、单一色调的鱼。总之，只有把水草、石材、鱼、灯光等造景元素有机地结合起来，才能创造出不同凡响的水族箱的景观。

造景美丽的水草水族箱

● 热带鱼水族箱的置景

　　首先是要准备好水草以及一些必要的造景元素，比如一些瓷制的人像、房子、和亭子，它们一个个活灵活现、栩栩如生。接下来是选择石材，一般造景所用的石材2～3块就够用了。其中一块大的做主石、其他的做辅石，主石大都放在水族箱

的靠左或者是靠右的位置，这是视觉中心，其余辅石依次放于主石旁观，以均衡画面，有时可将一些辅石搭制成一个山洞的模样。根据设计好的位置，将其他一些辅助造景材料加入到景观中。

● 种植水草

　　种植水草要遵循前低后高、前疏后密的原则，这是从视觉的角度考虑的。把矮粗的水草种在水族箱靠前的位置，并尽量将前景的水草处理得稀疏些，这样既可以保证视觉上无障碍，同时为鱼体的游动留出了足够的空间。水草可以种植在沙石中，也可以种植在山石上，无论种植在何处，一定要根基稳固。待水沉淀两天以后，再将买好的鱼放入箱中，一幅江南春色即可以映入眼帘。

细长水草的种植方法

短小水草的种植方法

绿草红鱼格外美丽

● 选鱼

一般是在景观造好后再去选择适当的鱼。选择什么样的鱼需根据水族箱的大小、景观的整体搭配效果以及个人的兴趣来定。一般是水草稀疏、石块较少、景观层次明显的中型水族箱养中型的热带鱼;体积较小、水草浓密、石块较多、景观层次丰富的水族箱选小型的热带鱼。冷色调的水草选暖色调的鱼,暖色调的水草应该选择冷色调的鱼。无论选择哪个档次的热带鱼,最重要的是考虑其体质,只有体质健壮的鱼才能适应环境的变化。

总之,一个完美的水族箱如同亲手创作的一件艺术品,也需要您百般的雕琢和精心的爱护,只有这样它才会给您的生活增色添彩。

另外,水草缸中养鱼还要考虑以下几点:

①选择不会吃水草的鱼种,这要通过个人的饲养经验或是向鱼友同行们求教来认知。

②放养喜食藻类的鱼:如黑玛丽、小精灵、孔雀鱼、泰国飞狐、青苔鼠等。

③放养食螺鱼来防止蜗牛出现。

④鱼种之间要能和谐相处,避免大鱼吃小鱼的情况出现。

⑤鱼类与种植水草的水温要求应相同。